煤矿重大事故隐患判定标准
解　　读

国家矿山安全监察局　编制

应 急 管 理 出 版 社
·北　京·

图书在版编目（CIP）数据

煤矿重大事故隐患判定标准解读／国家矿山安全监察局编制．－－北京：应急管理出版社，2021（2023.6重印）
ISBN 978 – 7 – 5020 – 8799 – 9

Ⅰ.①煤… Ⅱ.①国… Ⅲ.①煤矿—矿山事故—判定—标准—中国 Ⅳ.①TD77 – 65

中国版本图书馆 CIP 数据核字（2021）第 118060 号

煤矿重大事故隐患判定标准解读

编　　制	国家矿山安全监察局
责任编辑	赵金园
责任校对	李新荣
封面设计	大　冰
出版发行	应急管理出版社（北京市朝阳区芍药居 35 号　100029）
电　　话	010 – 84657898（总编室）　010 – 84657880（读者服务部）
网　　址	www.cciph.com.cn
印　　刷	三河市鹏远艺兴印务有限公司
经　　销	全国新华书店
开　　本	850mm×1168mm $^1/_{32}$　　印张　$3^1/_2$　　字数　51 千字
版　　次	2021 年 7 月第 1 版　2023 年 6 月第 4 次印刷
社内编号	20210758　　　　　　　　定价　28.00 元

版权所有　违者必究

本书如有缺页、倒页、脱页等质量问题，本社负责调换，电话:010 – 84657880

为准确判定、及时消除煤矿重大事故隐患，根据《安全生产法》和《国务院关于预防煤矿生产安全事故的特别规定》（国务院令第446号）等法律、行政法规，结合近年来煤矿典型事故教训，应急管理部制定印发了《煤矿重大事故隐患判定标准》（应急管理部令第4号，以下简称《判定标准》），从15个方面列举了81种应当判定为重大事故隐患的情形。为进一步明确《判定标准》有关情形的内涵及依据，便于各级煤矿安全监管监察部门和煤矿企业应用，规范《判定标准》有效执行，现对《判定标准》中重点条款含义进行解释说明。

第一条 为了准确认定、及时消除煤矿重大事故隐患，根据《中华人民共和国安全生产法》和《国务院关于预防煤矿生产安全事故的特别规定》（国务院令第446号）等法律、行政法规，制定本标准。

第二条 本标准适用于判定各类煤矿重大事故隐患。

第三条 煤矿重大事故隐患包括下列15个方面：

（一）超能力、超强度或者超定员组织生产；

（二）瓦斯超限作业；

（三）煤与瓦斯突出矿井，未依照规定实施防突出措施；

（四）高瓦斯矿井未建立瓦斯抽采系统和监控系统，或者系统不能正常运行；

（五）通风系统不完善、不可靠；

（六）有严重水患，未采取有效措施；

（七）超层越界开采；

（八）有冲击地压危险，未采取有效措施；

（九）自然发火严重，未采取有效措施；

（十）使用明令禁止使用或者淘汰的设备、工艺；

（十一）煤矿没有双回路供电系统；

（十二）新建煤矿边建设边生产，煤矿改扩建期

间,在改扩建的区域生产,或者在其他区域的生产超出安全设施设计规定的范围和规模;

(十三)煤矿实行整体承包生产经营后,未重新取得或者及时变更安全生产许可证而从事生产,或者承包方再次转包,以及将井下采掘工作面和井巷维修作业进行劳务承包;

(十四)煤矿改制期间,未明确安全生产责任人和安全管理机构,或者在完成改制后,未重新取得或者变更采矿许可证、安全生产许可证和营业执照;

(十五)其他重大事故隐患。

【解读】

本条按照《国务院关于预防煤矿生产安全事故的特别规定》(国务院令第446号)第八条第二款规定,明确了煤矿重大事故隐患的15个方面。

第四条 "超能力、超强度或者超定员组织生产"重大事故隐患,是指有下列情形之一的:

(一)煤矿全年原煤产量超过核定(设计)生产能力幅度在10%以上,或者月原煤产量大于核定(设计)生产能力的10%的;

【解读】

1. 本条中"煤矿全年原煤产量超过核定(设计)

生产能力幅度在10%以上",是指煤矿(含井工和露天)全年的原煤产量,超出煤矿核定(设计)生产能力的幅度达到10%及以上的;"月原煤产量大于核定(设计)生产能力的10%",是指煤矿单月的原煤产量达到煤矿核定(设计)生产能力的10%及以上的。

例如:某矿核定生产能力为120万吨/年,当该矿全年原煤产量达到或者超过132万吨,或者单月原煤产量达到或者超过12万吨时,为重大事故隐患。

2. 本条中"原煤产量",是指从煤矿中开采运输出井(坑)的煤炭产品的总重量。

(二)煤矿或者其上级公司超过煤矿核定(设计)生产能力下达生产计划或者经营指标的;

【解读】

本条是指存在下列情形之一的:

(1)煤矿或者其上级公司对本矿下达的生产计划,超过煤矿核定(设计)生产能力的。

(2)煤矿或者其上级公司对本矿下达的年度生产经营指标,经过成本核算,需要煤矿生产的原煤产量超过煤矿核定(设计)生产能力才能完成的。

(三)煤矿开拓、准备、回采煤量可采期小于国家规定的最短时间，未主动采取限产或者停产措施，仍然组织生产的（衰老煤矿和地方人民政府计划停产关闭煤矿除外）；

【解读】

1. 本条中"煤矿开拓、准备、回采煤量可采期小于国家规定的最短时间"，是指煤矿开拓、准备、回采煤量可采期小于《防范煤矿采掘接续紧张暂行办法》规定的最短时间。

（1）开拓煤量可采期：①煤与瓦斯突出矿井、水文地质类型极复杂矿井、冲击地压矿井不少于5年；②高瓦斯矿井、水文地质类型复杂矿井不少于4年；③其他矿井不少于3年。

（2）矿井准备煤量可采期：①水文地质条件复杂和极复杂矿井、煤与瓦斯突出矿井、冲击地压矿井、煤巷掘进机械化程度与综合机械化采煤程度的比值小于0.7的矿井不少于14个月；②其他矿井不少于12个月。

（3）矿井回采煤量可采期：①2个及以上采煤工作面同时生产的矿井不少于5个月；②其他矿井不少于4个月。

2. 对尽管采取了限产措施，开拓、准备、回采煤量可采期仍不符合规定的，判定为重大事故隐患。

3. "三量"的定义及计算方法：

开拓煤量是在矿井可采储量范围内已完成设计规定的主井、副井、风井、井底车场、主要石门、采（盘）区大巷、回风石门、回风大巷、主要硐室和煤仓等开拓掘进工程后，形成矿井通风、排水等系统所圈定的煤炭储量，减去开拓区内地质及水文地质损失、设计损失量和开拓煤量可采期内不能回采的临时煤柱及其他开采量。开拓煤量按下式计算：

$$Q_{开} = (LhMD - Q_{地损} - Q_{呆滞})K$$

式中　　$Q_{开}$——开拓煤量，t；

　　　　L——已完成开拓工程的采（盘）区煤层平均走向长度，m；

　　　　h——已完成开拓工程的采（盘）区煤层平均倾斜长度，m；

　　　　M——开拓区域煤层平均厚度，m；

　　　　D——实体煤容重，t/m³；

　　　　$Q_{地损}$——地质及水文地质损失，t；

　　　　$Q_{呆滞}$——呆滞煤量，包括永久煤柱的可回采部分和开拓煤量可采期内不能开采的临时煤柱及其他煤量，t；

　　　　K——采区回采率。

准备煤量是在开拓煤量范围内已经完成了设计规定的采（盘）区主要巷道掘进工程，形成完整的采

（盘）区通风、排水、运输、供电、通信等生产系统后,且煤与瓦斯突出煤层煤巷条带区域无突出危险或消除突出危险的煤层中,各区段（或倾斜条带）可采储量之和。准备煤量按下式计算:

$$Q_{准} = \sum_{i=1}^{n}(L_i l_i M_i D_i K_i + q_i) + Q_{回}$$

式中 $Q_{准}$——准备煤量,t;

L_i——第 i 个区段的采煤工作面有效推进长度,m;

l_i——第 i 个区段的平均采煤工作面长度,m;

M_i——第 i 个区段的煤层平均厚度,m;

D_i——第 i 个区段的实体煤容重,t/m³;

K_i——第 i 个区段的工作面回采率;

q_i——第 i 个区段的巷道掘进出煤量,t;

n——区段个数;

$Q_{回}$——回采煤量,t。

回采煤量是准备煤量范围内,已按设计完成工作面进风巷、回风巷等回采巷道及开切眼掘进工程所圈定的,且瓦斯抽采、防突和防治水的效果已达到工作面安全回采要求的可采储量,即正在回采或只要安装设备后,便可进行正式回采的工作面煤量之和。回采煤量按下式计算:

$$Q_{回} = \sum_{i=1}^{n} L_i l_i M_i D_i K_i$$

式中 $Q_{回}$——回采煤量，t；

L_i——第 i 个工作面有效或剩余推进（回采）长度，m；

l_i——第 i 个回采工作面平均长度，m；

M_i——第 i 个回采工作面煤层平均厚度，m；

D_i——第 i 个工作面实体煤容重，t/m³；

K_i——第 i 个工作面回采率；

n——回采工作面个数。

开拓煤量、准备煤量、回采煤量如图1所示。

4. 本条中"衰老煤矿"，是指开拓、准备、回采煤量开采期虽小于《防范煤矿采掘接续紧张暂行办法》规定的最短时间，但已无相应掘进工程量的煤矿。

（四）煤矿井下同时生产的水平超过2个，或者一个采（盘）区内同时作业的采煤、煤（半煤岩）巷掘进工作面个数超过《煤矿安全规程》规定的；

【解读】

1. 本条中"一个采（盘）区内同时作业的采煤、煤（半煤岩）巷掘进工作面个数超过《煤矿安全规程》规定"，是指违反《煤矿安全规程》第九十五条

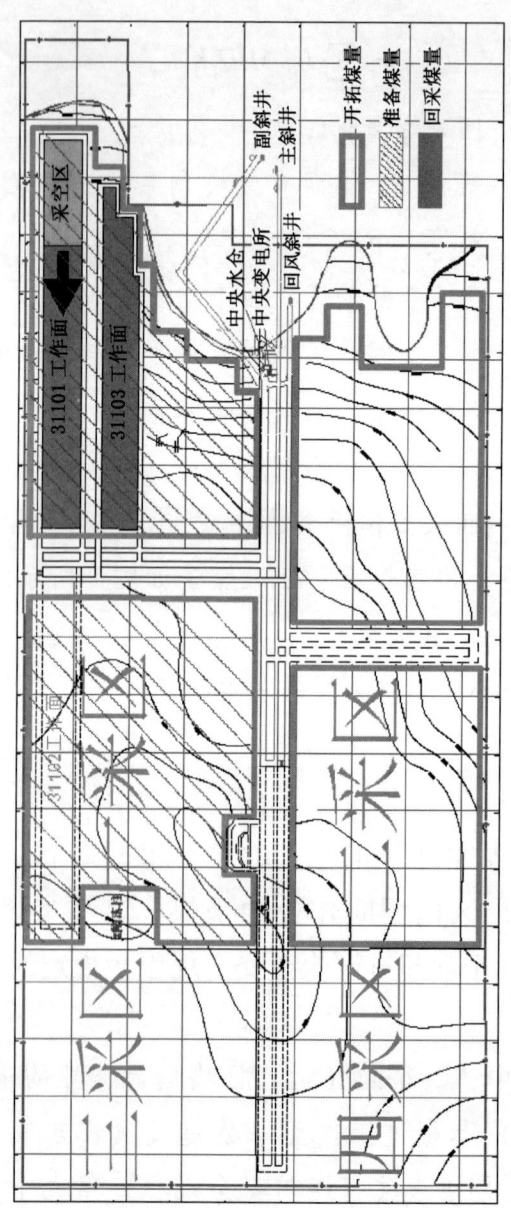

图 1 开拓煤量、准备煤量、回采煤量示意图

有关规定，存在下列情形之一的：

（1）一个采（盘）区内同一煤层的一翼同时作业的采煤工作面超过1个或煤（半煤岩）巷掘进工作面超过2个的。

（2）一个采（盘）区内同一煤层双翼开采或者多煤层开采的，该采（盘）区同时作业的采煤工作面超过2个或煤（半煤岩）巷掘进工作面超过4个的。

2. 按照《煤矿安全规程执行说明（2016）》第10条有关规定，备用采煤工作面不计为正常作业的采煤工作面，但不得与生产采煤工作面同时采煤（包括同一日内的错时生产）；采煤工作面的安装或回撤不属于正常采煤作业。交替生产的采煤工作面不计为备用工作面。交替作业的双巷掘进工作面计为1个掘进工作面。

3. 本条中"作业"，是指采掘作业，不包含抽采瓦斯等灾害治理工程。

（五）瓦斯抽采不达标组织生产的；

【解读】

本条是指违反《煤矿瓦斯抽采达标暂行规定》有关规定，存在下列情形之一的：

（1）瓦斯涌出量主要来自于开采层的采煤工作

面,评价范围内煤的可解吸瓦斯量不能满足表 1 规定,仍然组织生产的。

表1 采煤工作面回采前煤的可解吸瓦斯量应达到的指标

工作面日产量/t	可解吸瓦斯量 $W_j/(m^3 \cdot t^{-1})$
≤1000	≤8
1001~2500	≤7
2501~4000	≤6
4001~6000	≤5.5
6001~8000	≤5
8001~10000	≤4.5
>10000	≤4

(2) 对瓦斯涌出量主要来自于邻近层或围岩的采煤工作面,计算的瓦斯抽采率不能满足表 2 规定,仍然组织生产的。

表2 采煤工作面瓦斯抽采率应达到的指标

工作面绝对瓦斯涌出量 $Q/(m^3 \cdot min^{-1})$	工作面瓦斯抽采率/%
5≤Q<10	≥20
10≤Q<20	≥30
20≤Q<40	≥40
40≤Q<70	≥50
70≤Q<100	≥60
100≤Q	≥70

（3）采掘工作面在满足风速不超过4 m/s的条件下，回风流中瓦斯浓度超过1%，仍然组织生产的。

（4）矿井瓦斯抽采率不能满足表3规定，仍然组织生产的。

表3 矿井瓦斯抽采率应达到的指标

矿井绝对瓦斯涌出量 $Q/(\mathrm{m}^3 \cdot \mathrm{min}^{-1})$	矿井瓦斯抽采率/%
$Q<20$	$\geqslant 25$
$20 \leqslant Q<40$	$\geqslant 35$
$40 \leqslant Q<80$	$\geqslant 40$
$80 \leqslant Q<160$	$\geqslant 45$
$160 \leqslant Q<300$	$\geqslant 50$
$300 \leqslant Q<500$	$\geqslant 55$
$500 \leqslant Q$	$\geqslant 60$

（5）对突出煤层实施预抽煤层瓦斯区域防突措施的，煤层残余瓦斯压力 $P \geqslant 0.74$ MPa 或残余瓦斯含量 $W \geqslant 8$ m³/t（构造带 $W \geqslant 6$ m³/t）时，仍然组织生产的。

（六）煤矿未制定或者未严格执行井下劳动定员制度，或者采掘作业地点单班作业人数超过国家有关限员规定20%以上的。

【解读】

1.本条中"未严格执行井下劳动定员制度"，是指煤矿未按照本矿制定的劳动定员制度实施入井人员管理，造成井下采掘作业地点人数超过本矿制定的劳动定员规定20%以上的。

2. 本条中"采掘作业地点"，是指采煤工作面和掘进工作面。采煤工作面是指包括工作面及工作面进、回风巷在内的区域；掘进工作面是指从掘进迎头至工作面回风流与全风压风流汇合处的区域。

3. 本条中"单班作业人数"，是指单个班次的作业人数，不包括临时性进出的煤矿领导、职能部门巡检人员及巡回瓦斯检查员（当班专职瓦斯检查员除外）等。

4. 人员进入冲击地压危险区域时必须严格执行"人员准入制度"，包含进入有关区域的全部人员。

5. 采掘作业地点单班作业人数按照《煤矿井下单班作业人数限员规定（试行）》执行，详见表4和表5。

表4 采煤工作面单班作业人数规定

矿井类型	机械化采煤工作面/人		炮采工作面/人
	检修班	生产班	
灾害严重矿井	≤40	≤25	≤25
其他矿井	≤30	≤20	≤25

表5 掘进工作面单班作业人数规定

矿井类型	综掘工作面/人	炮掘工作面/人
灾害严重矿井	≤18	≤15
其他矿井	≤16	≤12

注：表中"灾害严重矿井"是指高瓦斯矿井、煤（岩）与瓦斯（二氧化碳）突出矿井、水文地质类型复杂或极复杂矿井，以及冲击地压矿井，不属于上述灾害类型的矿井为"其他矿井"。

第五条 "瓦斯超限作业"重大事故隐患，是指有下列情形之一的：

（一）瓦斯检查存在漏检、假检情况且进行作业的；

【解读】

1.本条中"漏检"，是指违反《煤矿安全规程》第一百七十五条、第一百八十条有关规定，应检查而未检查瓦斯，存在下列情形之一的：

（1）低瓦斯矿井，瓦斯检查工检查采掘工作面内及回风巷甲烷浓度每班次数少于2次。

（2）高瓦斯矿井，瓦斯检查工检查采掘工作面内及回风巷甲烷浓度每班次数少于3次。

（3）有煤（岩）与瓦斯（二氧化碳）突出危险或者瓦斯（二氧化碳）涌出量较大、变化异常的采掘工作面，对瓦斯或二氧化碳浓度，每班专人检查少于3次。

（4）井下回风流中使用的机电设备设置地点及其

开关附近 20 m 范围内未每班检查甲烷浓度。

（5）可能涌出或者积聚甲烷、二氧化碳的硐室和巷道，停工（停风）地点恢复施工、钻孔施工、巷道贯通、爆破作业、井下电气焊割等作业未按规定检查甲烷、二氧化碳浓度。

2.本条中"假检"，是指未实地检查瓦斯就填写记录、汇报情况的，或者填报、记录的数据与实际检测数据不符的。

（二）井下瓦斯超限后继续作业或者未按照国家规定处置继续进行作业的；

【解读】

本条是指违反《煤矿安全规程》第一百七十二条、第一百七十三条、第一百七十四条有关规定，存在下列情形之一的：

（1）采区回风巷、采掘工作面回风巷风流中甲烷浓度超过 1.0% 时或者二氧化碳浓度超过 1.5% 时，未停止工作，撤出人员，采取措施，进行处理的。

（2）采掘工作面及其他作业地点风流中甲烷浓度达到 1.0% 时，仍使用电钻打眼的；或者爆破地点附近 20 m 以内风流中甲烷浓度达到 1.0% 时，仍实施爆破的。

（3）采掘工作面及其他作业地点风流中、电动机及其开关安设地点附近20 m以内风流中的甲烷浓度达到1.5%时，未停止工作，切断电源，撤出人员，进行处理的。

（4）采掘工作面及其他巷道内，体积大于$0.5\ m^3$的空间内积聚的甲烷浓度达到2.0%时，附近20 m内未停止工作，撤出人员，切断电源，进行处理的。

（5）采掘工作面风流中二氧化碳浓度达到1.5%时，未停止工作，撤出人员，查明原因，制定措施，进行处理的。

（三）井下排放积聚瓦斯未按照国家规定制定并实施安全技术措施进行作业的。

【解读】

本条是指排放积聚瓦斯未按照《煤矿安全规程》第一百七十六条有关规定，存在下列情形之一的：

（1）对甲烷浓度或者二氧化碳浓度超过3.0%的停风区恢复通风时，未制定安全排放瓦斯措施并报矿总工程师批准的。

（2）对甲烷浓度和二氧化碳浓度未超过3.0%，但甲烷浓度超过1.0%或者二氧化碳浓度超过1.5%的停风区恢复通风时，未采取安全措施，控制风流排放瓦斯的。

（3）在排放瓦斯过程中，排出的瓦斯与全风压风流混合处的甲烷或者二氧化碳浓度超过1.5%的，或者混合风流经过的巷道内未停电撤人的。

第六条 "煤与瓦斯突出矿井，未依照规定实施防突出措施"重大事故隐患，是指有下列情形之一的：

（一）未设立防突机构并配备相应专业人员的；

（二）未建立地面永久瓦斯抽采系统或者系统不能正常运行的；

（三）未按照国家规定进行区域或者工作面突出危险性预测的（直接认定为突出危险区域或者突出危险工作面的除外）；

【解读】

1. 本条中"未按照国家规定进行区域突出危险性预测"，是指违反《煤矿安全规程》第一百九十一条和《防治煤与瓦斯突出细则》第五十一条、第五十二条有关规定，存在下列情形之一的：

（1）未依据煤层瓦斯的井下实测资料，并结合地质勘查资料、上水平及邻近区域的实测和生产资料等对开采的突出煤层进行区域突出危险性预测的。

（2）区域突出危险性预测的范围未根据突出矿井的开拓方式、巷道布置、地质构造分布、测试点布置等情况划定；或者1个区段预测为突出危险区的，在该区段内划分无突出危险区的。

（3）预测采用的方法违反《防治煤与瓦斯突出细则》规定的。

（4）预测过程中数据不真实、存在错误，导致预测结果发生较大偏差的。

2. 本条中"未按照国家规定进行工作面突出危险性预测"，是指违反《煤矿安全规程》第一百九十一条和《防治煤与瓦斯突出细则》第七十五条有关规定，未对井巷揭煤工作面、煤巷掘进工作面、采煤工作面等采掘工作面煤体的突出危险性进行预测的。

（四）未按照国家规定采取防治突出措施的；
【解读】
本条是指经预测有突出危险的煤层进行采掘作业前，未按照《煤矿安全规程》《防治煤与瓦斯突出细则》有关规定设计、采取区域防突措施或局部防突措施的情形。

1. 未按照国家规定采取区域防突措施，是指应当采取区域防突措施，而采掘作业前未采取开采保护层或者预抽煤层瓦斯防突措施的，包括下列2类情形。

第1类，未按规定开采保护层，是指存在下列情形之一的：

（1）具备保护层开采条件而未开采的，或保护层的选择违反《防治煤与瓦斯突出细则》第六十一条规定原则的。

（2）实施保护层开采不符合《防治煤与瓦斯突出细则》第六十二条规定要求，不连续、不成区域规模，留有非保护区域又未采取补充区域措施消突的，或者未同时抽采被保护层瓦斯的。

（3）保护范围、保护效果达不到《防治煤与瓦斯突出细则》第五十五条、第六十三条要求的。

第2类，未按规定预抽煤层瓦斯，是指没有按规定采取预抽煤层瓦斯区域措施，或者瓦斯抽采不符合《防治煤与瓦斯突出细则》有关要求，存在下列情形之一的：

（1）预抽煤层瓦斯区段钻孔、回采区域钻孔、煤巷条带钻孔不能有效控制整个区段、整个回采区域、整个煤巷条带及其巷道两侧的。

（2）预抽揭煤区域煤层钻孔控制范围不符合《防治煤与瓦斯突出细则》要求，或者钻孔布置不均匀，存在瓦斯治理盲区、空白区，直接影响区域措施效果的。

（3）采掘工作面距相邻突出煤层突出危险区法向距离5 m以内，没有对突出煤层采取防突措施并经过效果检验有效的。

（4）采取《防治煤与瓦斯突出细则》限制使用或禁用的区域防突措施的，或者以局部防突措施代替区域措施的。

（5）区域预测为突出危险区的煤层，或者在采掘作业和综合防突措施实施过程中，发现有喷孔、顶钻等明显突出预兆或者发生突出的区域，没有采取或者继续执行区域防突措施的。

2. 未按照国家规定采取局部防突措施，是指经工作面预测有突出危险的工作面存在下列情形之一的：

（1）未采取工作面防突措施的，或者揭煤作业程序和措施不符合规定要求的。

（2）采掘作业进入最小防突措施超前距以内的。

（五）未按照国家规定进行防突措施效果检验和验证，或者防突措施效果检验和验证不达标仍然组织生产建设，或者防突措施效果检验和验证数据造假的；

【解读】

本条中"未按照国家规定进行防突措施效果检验和验证"，是指存在下列情形之一的：

（1）实施防突措施以后，在突出煤层内或者在距突出煤层突出危险区法向距离小于 5 m 的邻近煤、岩层内进行采掘作业前，未对突出煤层相应区域或者工作面进行区域（局部）效果检验的，或者效果检验的方法不符合《防治煤与瓦斯突出细则》规定要求，直接影响检验结果的。

（2）在区域预测为无突出危险区或者采取区域措施后判定为无突出危险区内进行采掘作业前，未对突出煤层相应区域进行区域验证的（直接采用局部综合防突措施的除外），或者验证的方法不符合《防治煤与瓦斯突出细则》规定要求，直接影响验证结果的。

（3）保护层开采存在以下情形的：①未实际考察保护效果和保护范围，且未对每个被保护层工作面的保护效果进行检验的；②最大膨胀变形量未超过3‰，且未对每个被保护层工作面的保护效果进行检验的；③保护层的开采厚度小于或者等于0.5 m，且未对每个被保护层工作面的保护效果进行检验的；④上保护层与被保护突出煤层间距大于50 m或者下保护层与被保护突出煤层间距大于80 m，且未对每个被保护层工作面的保护效果进行检验的。

（六）未按照国家规定采取安全防护措施的；
【解读】
本条是指违反《煤矿安全规程》第二百二十条有

关规定，井巷揭穿突出煤层和在突出煤层中进行采掘作业时，未采取避难硐室、反向风门、压风自救装置、隔离式自救器、远距离爆破等安全防护措施的。

（七）使用架线式电机车的。

第七条 "高瓦斯矿井未建立瓦斯抽采系统和监控系统，或者系统不能正常运行"重大事故隐患，是指有下列情形之一的：

（一）按照《煤矿安全规程》规定应当建立而未建立瓦斯抽采系统或者系统不正常使用的；

【解读】

1. 本条中"按照《煤矿安全规程》规定应当建立而未建立瓦斯抽采系统"，是指违反《煤矿安全规程》第一百八十一条规定，有下列情况之一的矿井，未建立地面永久抽采瓦斯系统或者井下临时抽采瓦斯系统的：

（1）任一采煤工作面的瓦斯涌出量大于 5 m^3/min 或者任一掘进工作面瓦斯涌出量大于 3 m^3/min，用通风方法解决瓦斯问题不合理的。

（2）矿井绝对瓦斯涌出量达到下列条件的：大于或者等于 40 m^3/min；年产量 1.0~1.5 Mt 的矿井，大于 30 m^3/min；年产量 0.6~1.0 Mt 的矿井，大于 25 m^3/min；年产量 0.4~0.6 Mt 的矿井，大于 20 m^3/min；年产量

小于或者等于 0.4 Mt 的矿井，大于 15 m³/min。

2. 本条中"系统不能正常运行"，是指存在下列情形之一的：

（1）瓦斯抽采系统故障不能运转且未及时修复。

（2）应使用瓦斯抽采系统抽采而未使用的。

（二）未按照国家规定安设、调校甲烷传感器，人为造成甲烷传感器失效，或者瓦斯超限后不能报警、断电或者断电范围不符合国家规定的。

【解读】

1. 本条中"未按照国家规定安设甲烷传感器"，是指存在下列情形之一的：

（1）违反《煤矿安全规程》第四百九十九条有关规定，下列地点未设置甲烷传感器的：①采煤工作面及其回风巷和回风隅角，高瓦斯和突出矿井采煤工作面回风巷长度大于 1000 m 时回风巷中部；②煤巷、半煤岩巷和有瓦斯涌出的岩巷掘进工作面及其回风流中，高瓦斯和突出矿井的掘进巷道长度大于 1000 m 时掘进巷道中部；③突出矿井采煤工作面进风巷；④采用串联通风时，被串采煤工作面的进风巷，被串掘进工作面的局部通风机前；⑤采区回风巷、一翼回风巷、总回风巷；⑥使用架线电机车的主要运输巷道内装煤点处；⑦煤仓上方、封闭的带式输送机地面走廊；⑧地面瓦斯抽采泵房内；⑨井下临时瓦斯抽采泵站下风侧栅栏外。

（2）违反《煤矿安全规程》第五百条有关规定，突出矿井在下列地点未设置全量程或者高低浓度甲烷传感器的：①采煤工作面进、回风巷；②煤巷、半煤岩巷和有瓦斯涌出的岩巷掘进工作面回风流中；③采区回风巷；④总回风巷。

（3）违反《防治煤与瓦斯突出细则》第三十二条第（一）项有关规定，实施防突措施钻孔时，在钻机回风侧 10 m 范围内未设置具备超限报警断电功能的甲烷传感器的。

（4）违反《防治煤矿冲击地压细则》第三十九条有关规定，具有冲击地压危险的高瓦斯矿井，采煤工作面进风巷（距工作面不大于 10 m 处）未设置具有超限报警断电功能的甲烷传感器的。

2. 本条中"未按照国家规定调校甲烷传感器"，是指甲烷传感器未调校或者未按规定周期调校的。

3. 本条中"人为造成甲烷传感器失效"，是指采取堵塞、包裹或风吹甲烷传感器进气口，或者故意不按规定位置悬挂甲烷传感器等方式，造成甲烷传感器失效的。

4. 本条中"瓦斯超限后不能报警、断电或者断电范围不符合国家规定",是指报警功能、甲烷电闭锁功能失效,造成甲烷超限后不能报警、不能切断控制范围内非本质安全型电气设备电源的。甲烷超限的报警、断电范围不符合《煤矿安全规程》第四百九十八条有关规定,即甲烷传感器的设置地点、报警浓度、断电浓度和断电范围不符合表6要求的。

表6 甲烷传感器的设置地点、报警浓度、断电浓度和断电范围

设置地点	报警浓度/%	断电浓度/%	断电范围
采煤工作面回风隅角	≥1.0	≥1.5	工作面及其回风巷内全部非本质安全型电气设备
低瓦斯和高瓦斯矿井的采煤工作面	≥1.0	≥1.5	工作面及其回风巷内全部非本质安全型电气设备
突出矿井的采煤工作面	≥1.0	≥1.5	工作面及其进、回风巷内全部非本质安全型电气设备
采煤工作面回风巷	≥1.0	≥1.0	工作面及其回风巷内全部非本质安全型电气设备

表6（续）

设置地点	报警浓度/%	断电浓度/%	断电范围
突出矿井采煤工作面进风巷	≥0.5	≥0.5	工作面及其进、回风巷内全部非本质安全型电气设备
采用串联通风的被串采煤工作面进风巷	≥0.5	≥0.5	被串采煤工作面及其进、回风巷内全部非本质安全型电气设备
高瓦斯、突出矿井采煤工作面回风巷中部	≥1.0	≥1.0	工作面及其回风巷内全部非本质安全型电气设备
煤巷、半煤岩巷和有瓦斯涌出岩巷的掘进工作面	≥1.0	≥1.5	掘进巷道内全部非本质安全型电气设备
煤巷、半煤岩巷和有瓦斯涌出岩巷的掘进工作面回风流中	≥1.0	≥1.0	掘进巷道内全部非本质安全型电气设备
突出矿井的煤巷、半煤岩巷和有瓦斯涌出岩巷的掘进工作面的进风分风口处	≥0.5	≥0.5	掘进巷道内全部非本质安全型电气设备

表6（续）

设置地点	报警浓度/%	断电浓度/%	断电范围
采用串联通风的被串掘进工作面局部通风机前	≥0.5	≥0.5	被串掘进巷道内全部非本质安全型电气设备
	≥0.5	≥1.5	被串掘进工作面局部通风机
高瓦斯矿井双巷掘进工作面混合回风流处	≥1.0	≥1.0	除全风压供风的进风巷外，双掘进巷道内全部非本质安全型电气设备
高瓦斯和突出矿井掘进巷道中部	≥1.0	≥1.0	掘进巷道内全部非本质安全型电气设备
采区回风巷	≥1.0	≥1.0	采区回风巷内全部非本质安全型电气设备
一翼回风巷及总回风巷	≥0.75	—	
使用架线电机车的主要运输巷道内装煤点处	≥0.5	≥0.5	装煤点处上风流100 m内及其下风流的架空线电源和全部非本质安全型电气设备
井下煤仓	≥1.5	≥1.5	煤仓附近的各类运输设备及其他非本质安全型电气设备

表6（续）

设置地点	报警浓度/%	断电浓度/%	断电范围
封闭的带式输送机地面走廊内，带式输送机滚筒上方	≥1.5	≥1.5	带式输送机地面走廊内全部非本质安全型电气设备
地面瓦斯抽采泵房内	≥0.5		
井下临时瓦斯抽采泵站下风侧栅栏外	≥1.0	≥1.0	瓦斯抽采泵站电源

第八条 "通风系统不完善、不可靠"重大事故隐患，是指有下列情形之一的：

（一）矿井总风量不足或者采掘工作面等主要用风地点风量不足的；

【解读】

本条中"风量不足"是指矿井总风量或者采掘工作面等主要用风地点实际风量小于设计需风量，形成瓦斯超限、缺氧窒息或有毒气体中毒威胁的。

（二）没有备用主要通风机，或者两台主要通风机不具有同等能力的；

（三）违反《煤矿安全规程》规定采用串联通风的；

【解读】

本条是指不符合《煤矿安全规程》第一百五十条规定，存在下列情形之一的：

（1）采煤工作面之间串联通风的。

（2）开采有瓦斯喷出、突出危险的煤层或者在距离突出煤层垂距小于 10 m 的区域掘进施工时，掘进工作面与其他工作面之间串联通风的。

（3）采区内为构成新区段通风系统的掘进巷道或者采煤工作面遇地质构造而重新掘进的巷道，布置独立通风有困难时，其回风可串入采煤工作面，除此之外将掘进工作面和采煤工作面串联通风的。

（4）串联通风次数超过 1 次的。

（四）未按照设计形成通风系统，或者生产水平和采（盘）区未实现分区通风的；

【解读】

1. 本条中"未按照设计形成通风系统"，是指矿井或采区设计的通风系统还未形成，就违规进行巷道掘进或者采煤等采掘作业的，或者未经批准对设计作出重大变更的。

2. 本条中"未实现分区通风"，是指生产水平或者采（盘）区未实现并联通风，一个采（盘）区的回风串到另一个生产或准备采（盘）区的（符合《煤矿安全规程》第一百四十八条情形的除外）。示意图如图2所示。

图2a～图2d所示为4种常见的采区分区通风情形；图2e、图2f所示为2种常见的未实现采区分区通风情形。

3. 当重新确定采（盘）区名称后，可确认为分区通风的，不判定为重大事故隐患。如，双翼开采采区，当上下分为两个采区时，一采区和二采区未实现分区通风，但当两个采区合成一个采区时（采掘工作面个数符合《煤矿安全规程》规定），则不再有未实现分区通风的问题。如果采掘工作面个数不符合《煤矿安全规程》规定，执行第四条第（四）项。示意图如图3所示。

（五）高瓦斯、煤与瓦斯突出矿井的任一采（盘）区，开采容易自燃煤层、低瓦斯矿井开采煤层群和分层开采采用联合布置的采（盘）区，未设置专用回风巷，或者突出煤层工作面没有独立的回风系统的；

【解读】

1. 本条中"未设置专用回风巷"，是指未按照《煤矿安全规程》有关规定设置专门用于回风的巷道的，

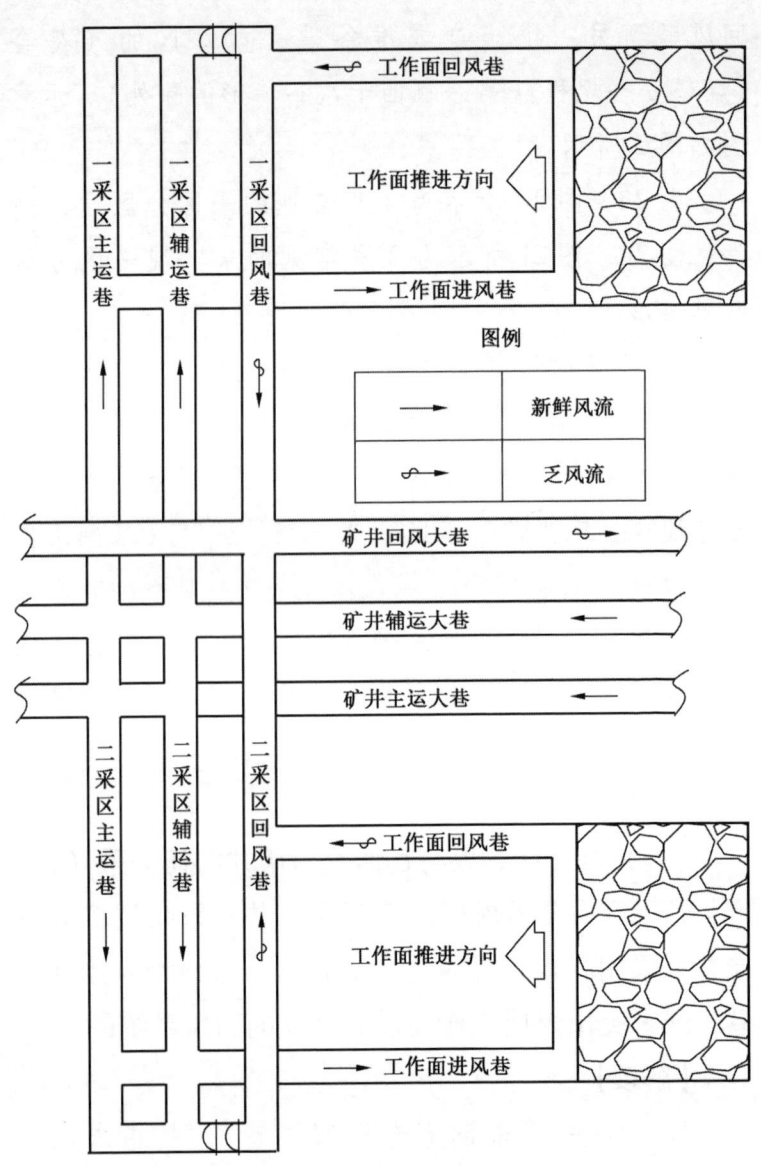

(a) 常见的采区分区通风情形之一

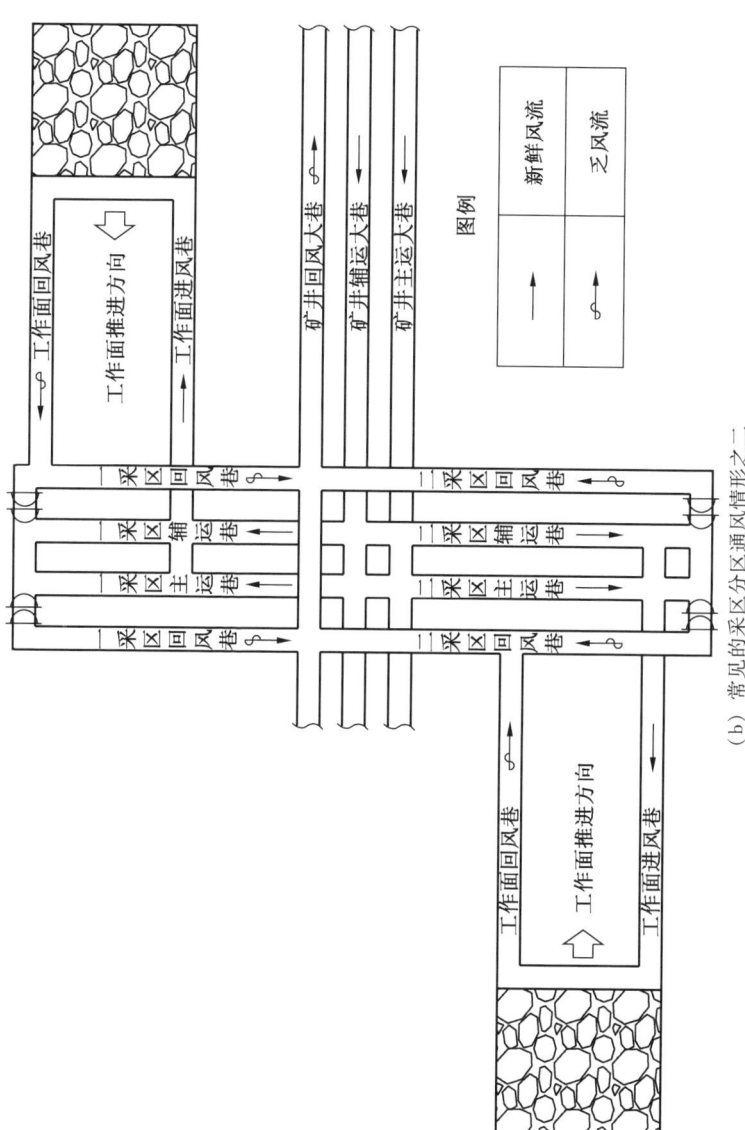

(b)常见的采区分区通风情形之二

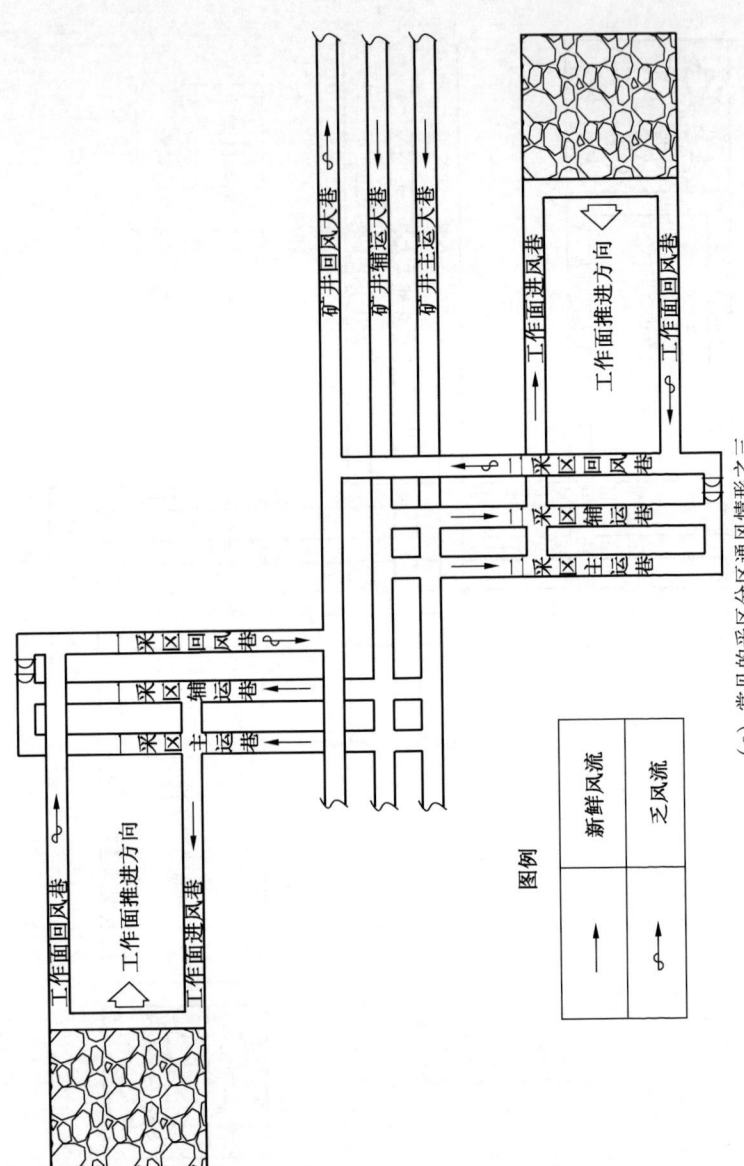

（c）常见的采区分区通风情形之三

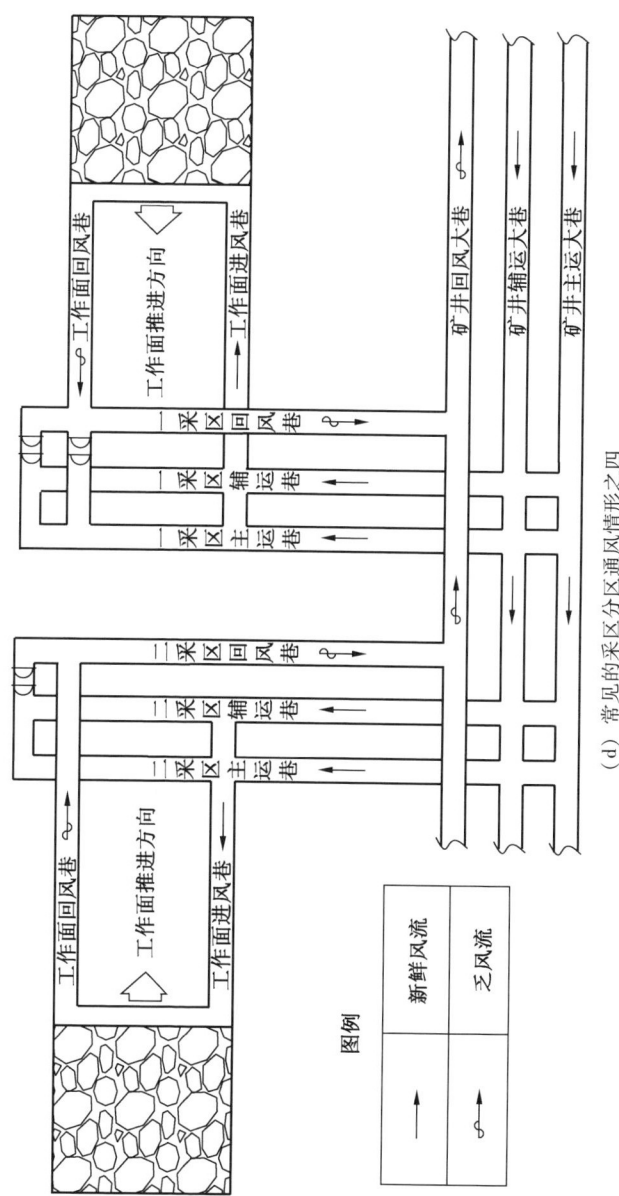

(d) 常见的采区分区通风情形之四

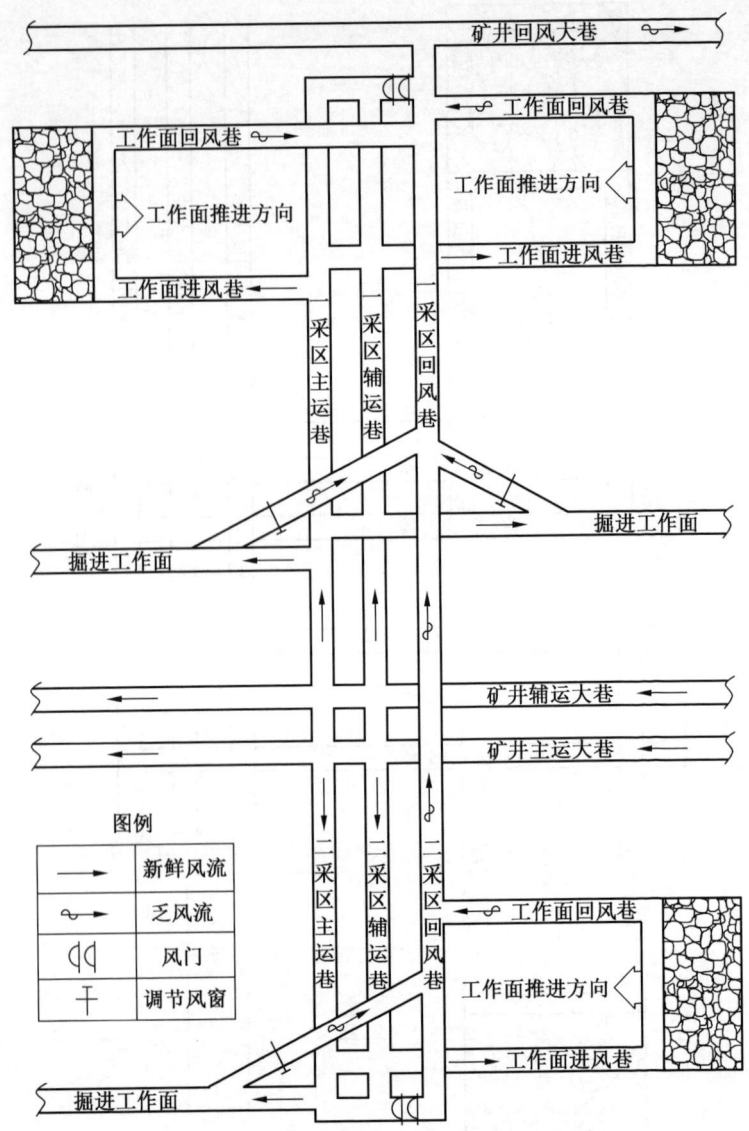

(e) 常见的未实现采区分区通风情形之一

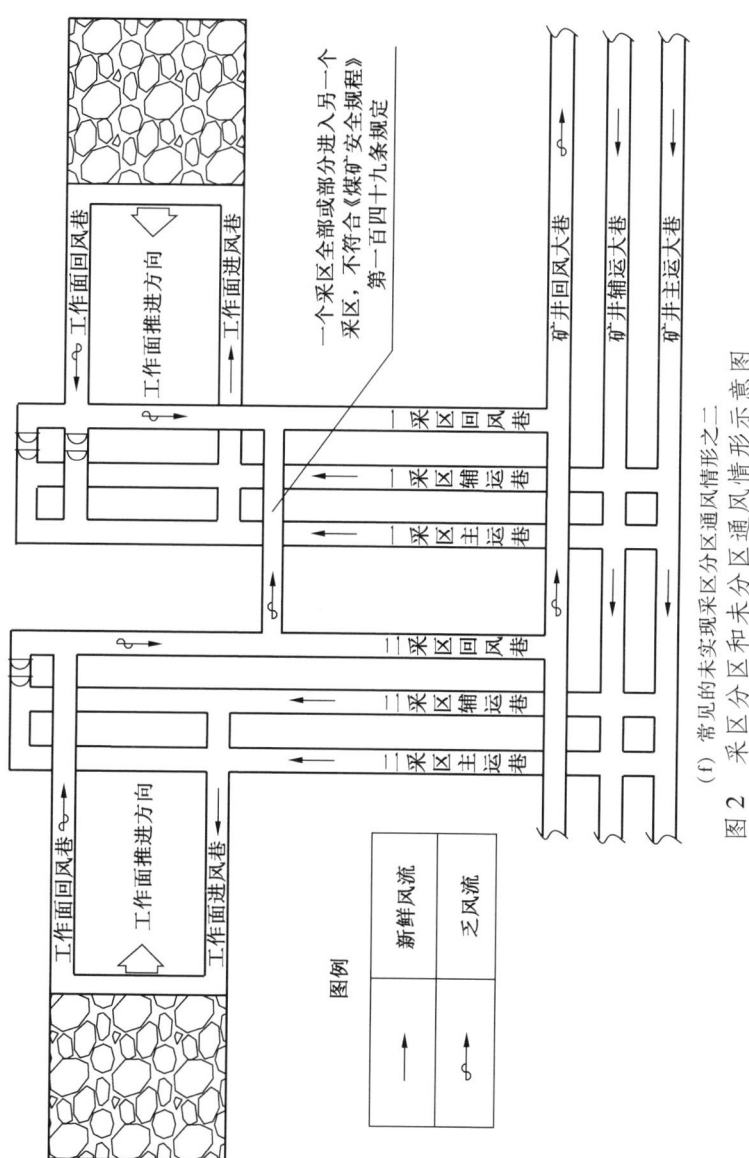

(f) 常见的未实现采区分区通风情形之二

图 2 采区分区和未分区通风情形示意图

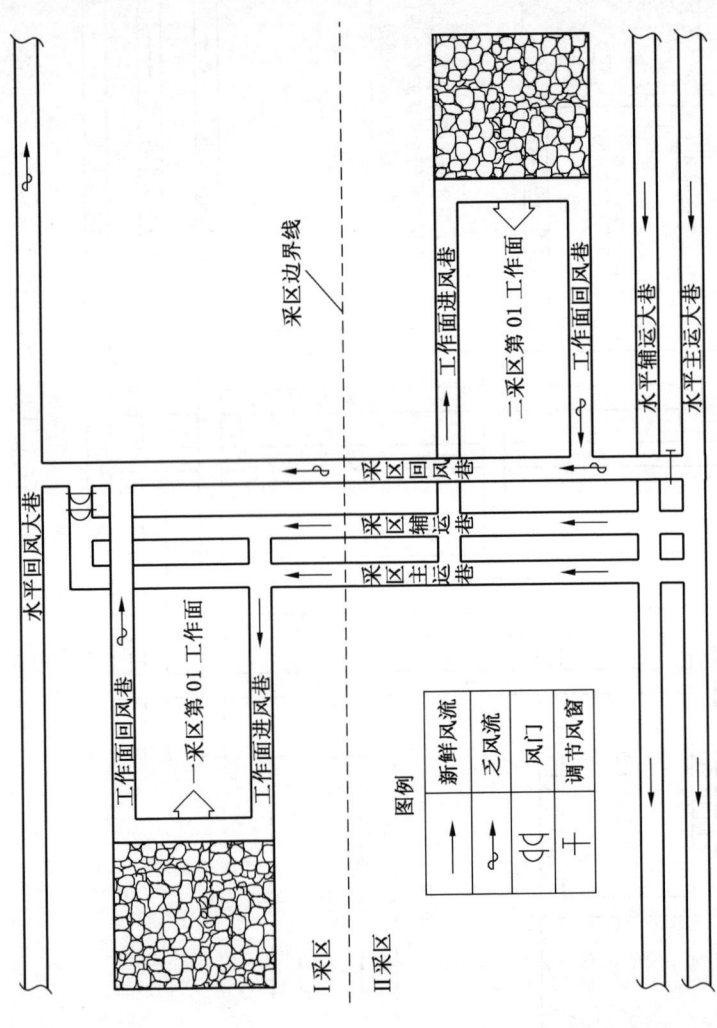

图 3 因采区划分问题导致的未实现分区通风示意图

或者在专用回风巷内运料、安设电气设备的,或者在煤(岩)与瓦斯(二氧化碳)突出区的专用回风巷内行人的(在突出危险区停止爆破、采掘作业、施工顺层预抽钻孔的情况下,短期内进入专用回风巷检查、维修或实施瓦斯抽采工程的除外)。

2. 本条中"没有独立的回风系统",是指违反《防治煤与瓦斯突出细则》第三十一条有关规定,存在下列情形之一的:

(1)准备采区时,突出煤层掘进巷道的回风经过有人作业的其他采区回风巷的。

(2)突出煤层双巷掘进工作面同时作业的。

(3)突出煤层区域预测为危险区域的采掘工作面,其进入专用回风巷前的回风切断其他采掘作业地点唯一安全出口的。

(六)进、回风井之间和主要进、回风巷之间联络巷中的风墙、风门不符合《煤矿安全规程》规定,造成风流短路的;

【解读】

本条中"不符合《煤矿安全规程》规定",是指违反《煤矿安全规程》第一百四十四条有关规定,进、回风井之间和主要进、回风巷之间的每条联络巷中,未砌筑永久性风墙,需要使用联络巷的,未安设2道联锁的正向风门和2道反向风门(含具有同等作用的风门)的,或者联锁失效、风门不能自动关闭的。

(七)采区进、回风巷未贯穿整个采区,或者虽贯穿整个采区但一段进风、一段回风,或者采用倾斜长壁布置,大巷未超前至少2个区段构成通风系统即开掘其他巷道的;

【解读】

1. 本条中"采区进、回风巷贯穿整个采区",是指采区进、回风上(下)山必须贯穿整个采区,并构成通风系统后,方可开掘其他巷道(采区进风上山布置到与采区最上一个区段工作面的进风巷道和采区回风上山连接,可以不到采区上部边界)。

下山采区未形成完整的通风、排水等生产系统前,严禁掘进回采巷道。

2. 本条中"一段进风、一段回风",是指同一条采区上(下)山或倾斜长壁式开采的同一条盘区大巷,用风门或者挡风墙隔成两段,一段为采掘工作面的进风,另一段为采掘工作面的回风的情形,如图4所示。

3. 本条中"大巷未超前至少2个区段构成通风系统即开掘其他巷道",是指违反《煤矿安全规程》第

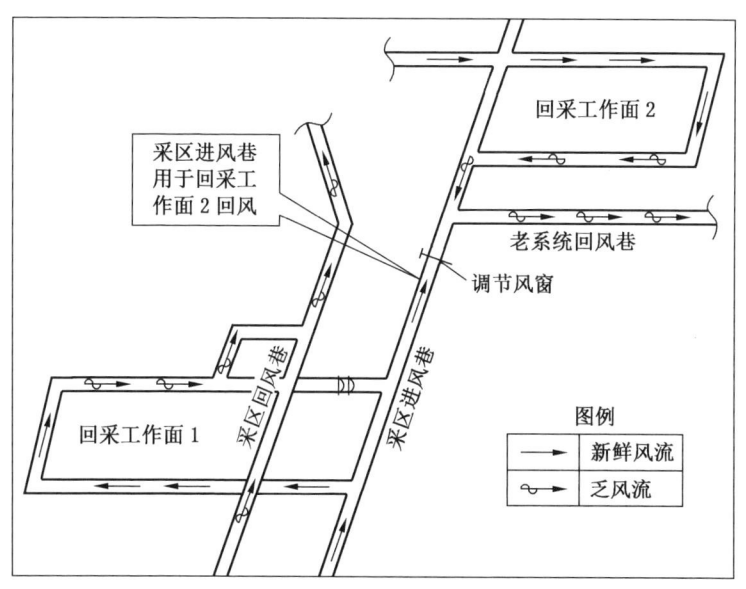

图 4 某矿采区通风系统图

一百四十九条有关规定，采用倾斜长壁布置时，大巷未超前至少 2 个区段（大巷已掘至盘区边界，不具备超前 2 个区段条件的除外），并构成通风系统，开掘其他巷道的情形。

图 5 所示为至少超前 2 个区段的情形。

（八）煤巷、半煤岩巷和有瓦斯涌出的岩巷掘进未按照国家规定装备甲烷电、风电闭锁装置或者有关装置不能正常使用的；

【解读】

39

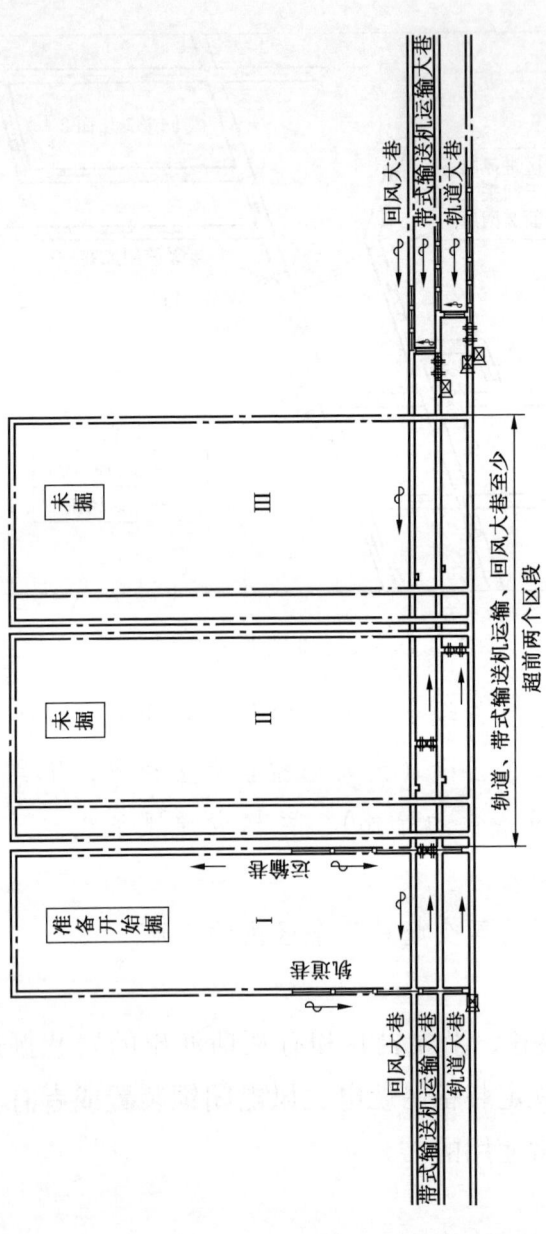

图 5 倾斜长壁采煤工作面布置图

1. 本条中"煤巷、半煤岩巷和有瓦斯涌出的岩巷掘进未按照国家规定装备甲烷电、风电闭锁装置",是指存在以下情形之一的:

(1) 违反《煤矿安全规程》第一百六十四条有关规定,局部通风机未实行风电闭锁和甲烷电闭锁,停风后不能切断电源的,或者使用2台局部通风机同时供风,未同时实现风电闭锁和甲烷电闭锁的。

(2) 违反《煤矿安全规程》第四百九十九条有关规定,煤巷、半煤岩巷和有瓦斯涌出的岩巷掘进工作面及其回风流中,高瓦斯和突出矿井的掘进巷道长度大于1000 m时巷道中部未安装甲烷传感器或者未实现甲烷电闭锁功能的。

2. 本条中"有关装置不能正常使用",是指传感器或者闭锁装置不能正常运行或者不起作用,如甲烷浓度达到断电值,或正常工作的局部通风机停止运转停风后,不能立即自动切断电源并闭锁的,或者在切断电源期间,断电范围内电气设备仍能人工送上电的。

(九) 高瓦斯、煤(岩)与瓦斯(二氧化碳)突出矿井的煤巷、半煤岩巷和有瓦斯涌出的岩巷掘进工作面采用局部通风时,不能实现双风机、双电源且自动切换的;

(十) 高瓦斯、煤(岩)与瓦斯(二氧化碳)突出建设矿井进入二期工程前,其他建设矿井进入三期工程前,没有形成地面主要通风机供风的全风压通风系统的。

【解读】

本条中"二期工程、三期工程"的界定,执行《煤矿建设安全规范》有关规定:

一期工程:从施工井筒(平硐)开始到井底车场施工前的全部井下工程。

二期工程:从施工井底车场开始,到进入采(盘)区车场施工前的工程,包括井底车场、石门、主要运输大巷、回风大巷、中央变电所、水泵房、水仓、井底煤仓、炸药库等。

三期工程:从施工采(盘)区车场开始到整个采(盘)区布置的工程,包括采(盘)区车场、采区上下山(盘区大巷)、采(盘)区变电所、采煤工作面、工作面进回风、开切眼、采区水仓、运煤通道等。

井工煤矿建设各工期示意如图6所示。

第九条 "有严重水患,未采取有效措施"重大事故隐患,是指有下列情形之一的:

(一)未查明矿井水文地质条件和井田范围内采空区、废弃老窑积水等情况而组织生产建设的;

【解读】

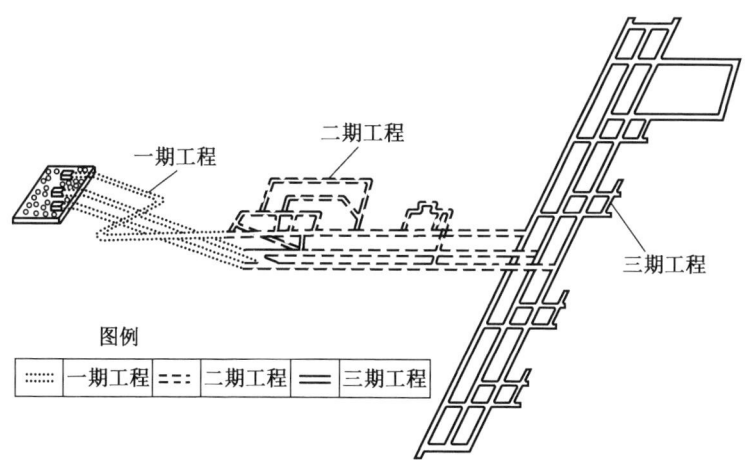

图 6 井工煤矿建设各工期示意图

1. 本条中"未查明矿井水文地质条件",是指存在下列情形之一的:

(1) 未进行井田水文地质勘探,或者未查明矿井充水水源、导水通道及充水强度,不能满足矿井防治水工程设计或安全生产建设要求。

(2) 矿井水文地质条件发生较大变化,突水水源、突水量与勘探报告差别较大,或出现新的含(导)水构造,矿井水文地质类型进一步复杂化,原有勘探成果资料难以满足生产建设需要,未进行矿井水文地质补充勘探。

(3) 未查明井田主要含水层富水性,地下水补、径、排等水文地质条件。

(4) 没有按《煤矿防治水细则》要求编制矿井水文地质类型划分报告,或者故意降低矿井水文地质类型级别的。

2. 本条中"未查明井田范围内采空区、废弃老窑积水等情况",是指存在下列情形之一的:

(1) 未查明井田范围内采空区、废弃老窑的积水位置、范围、水压、积水量,或者未在矿井充水性图、采掘工程平面图上标明积水线、探水线、警戒线的。

(2) 采空区、废弃老窑范围不清、积水情况不明的区域,未进行综合探查,或者未编制矿井老空水害评价报告,或者未对受采空区积水影响的煤层编制分区管理设计并划分可采区、缓采区和禁采区的。

(二) 水文地质类型复杂、极复杂的矿井未设置专门的防治水机构、未配备专门的探放水作业队伍,或者未配齐专用探放水设备的;

【解读】

1. 本条中"专门的防治水机构",是指配备了专职防治水专业技术人员的防治水工作机构,该机构可为独立机构,也可与矿属地测部门合署办公。

2. 本条中"专门的探放水作业队伍",是指该队伍中有持有《中华人民共和国特种作业操作证》的探放水特种作业人员。探放水工作仅允许该队伍施工，在非探放水期间允许该队伍承担其他施工作业。

3. 本条中"专用探放水设备"，是指专用的探放水钻机及配套设备。探放水工作仅允许使用专用探放水设备，在非探放水期间允许专用探放水设备用于其他工程。

（三）在需要探放水的区域进行采掘作业未按照国家规定进行探放水的；

【解读】

本条是指违反《煤矿安全规程》第三百一十七条有关规定，采掘工作面遇有下列情况之一，未进行探放水的：

（1）接近水淹或者可能积水的井巷、老空区或者相邻煤矿时。

（2）接近含水层、导水断层、溶洞和导水陷落柱时。

（3）打开隔离煤柱放水时。

（4）接近可能与河流、湖泊、水库、蓄水池、水井等相通的导水通道时。

（5）接近有出水可能的钻孔时。

（6）接近水文地质条件不清的区域时。

(7) 接近有积水的灌浆区时。

(8) 接近其他可能突（透）水的区域时。

"接近"是指采掘工作面达到探水线位置。探水线根据水头值高低、煤（岩）层厚度和强度等参数计算确定。

（四）未按照国家规定留设或者擅自开采（破坏）各种防隔水煤（岩）柱的；

【解读】

1. 本条中"未按照国家规定留设"，是指存在下列情形之一的：

（1）未按照《煤矿防治水细则》第九十一条、第九十二条有关规定，以下位置未留设防隔水煤（岩）柱的：①相邻矿井的分界处；②煤层露头风化带；③在地表水体、含水冲积层下或者水淹区域邻近地带；④与富水性强的含水层间存在水力联系的断层、裂缝带或者强导水断层接触的煤层；⑤有大量积水的老空；⑥导水、充水的陷落柱、岩溶洞穴或者地下暗河；⑦分区隔离开采边界；⑧受保护的观测孔、注浆孔和电缆孔等。

（2）防隔水煤（岩）柱的尺寸不符合《煤矿防治水细则》附录六要求，或者小于20 m的。

2. 本条中"擅自开采（破坏）各种防隔水煤（岩）柱"，是指违反《煤矿防治水细则》第九十四条有关规定，随意变动或者在防隔水煤（岩）柱中进行采掘活动的（当地质、水文条件发生变化，经探查分析，可缩小防隔水煤（岩）柱尺寸、提高开采上限的，进行了可行性研究和工程验证，组织有关专家论证评价，并经煤矿上级企业主要负责人审批的除外），或者以"探巷"等名义进入或在采掘活动中损坏防隔水煤（岩）柱的。

（五）有突（透、溃）水征兆未撤出井下所有受水患威胁地点人员的；

（六）受地表水倒灌威胁的矿井在强降雨天气或其来水上游发生洪水期间未实施停产撤人的；

【解读】

1. 本条中"受地表水倒灌"，是指矿井井口或者其他导水通道（如与井下连通的地裂缝、废弃井筒等）标高低于历年最高洪水位，可能导致降水灌入井下的。

2. 本条中"强降雨"，一般是指暴雨及以上等级的降雨。其标准也可由各地区煤矿安全监管部门确定。

（七）建设矿井进入三期工程前，未按照设计建成永久排水系统，或者生产矿井延深到设计水平时，未建成防、排水系统而违规开拓掘进的；

【解读】

本条中"永久排水系统"和"延深到设计水平的防、排水系统"是指《矿井初步设计》《延深水平设计》中设计的正规排水系统，其水仓容积、水泵、排水管数量和排水能力及配套系统必须符合《煤矿安全规程》和《煤矿防治水细则》的规定。

（八）矿井主要排水系统水泵排水能力、管路和水仓容量不符合《煤矿安全规程》规定的；

【解读】

1. 本条中"主要排水系统水泵排水能力不符合《煤矿安全规程》规定"，是指不符合《煤矿安全规程》第三百一十一条有关规定，工作水泵的能力不能在 20 h 内排出矿井 24 h 的正常涌水量（包括充填水及其他用水）的，或者备用水泵的能力小于工作水泵能力的 70% 的，或者检修水泵的能力小于工作水泵能力的 25% 的，或者工作和备用水泵的总能力，不能在 20 h 内排出矿井 24 h 的最大涌水量的。

2. 本条中"主要排水系统排水管路不符合《煤

矿安全规程》规定"，是指不符合《煤矿安全规程》第三百一十一条有关规定，工作排水管路的能力不能配合工作水泵在 20 h 内排出矿井 24 h 的正常涌水量的，或者工作和备用排水管路的总能力，不能配合工作和备用水泵在 20 h 内排出矿井 24 h 的最大涌水量的。

3. 本条中"主要排水系统水仓容量不符合《煤矿安全规程》规定"，是指不符合《煤矿安全规程》第三百一十三条有关规定，新建、改扩建矿井或者生产矿井的新水平，正常涌水量在 1000 m³/h 以下时，主要水仓的有效容量不能容纳 8 h 的正常涌水量的，或者正常涌水量大于 1000 m³/h 的矿井，主要水仓有效容量不足的，计算方式如下：

$$V = 2(Q + 3000)$$

式中　V——主要水仓的有效容量，m³；

　　　Q——矿井每小时的正常涌水量，m³。

（九）开采地表水体、老空水淹区域或者强含水层下急倾斜煤层，未按照国家规定消除水患威胁的。

【解读】

本条中"未按照国家规定消除水患威胁的"是指，违反《煤矿安全规程》《煤矿防治水细则》有关规定，未采用地表水体迁移（或改道）、疏干老空水、注浆改造（或截流）等措施改变其水文地质性质、消除水患威胁的。

第十条 "超层越界开采"重大事故隐患，是指有下列情形之一的：

（一）超出采矿许可证载明的开采煤层层位或者标高进行开采的；

（二）超出采矿许可证载明的坐标控制范围进行开采的；

（三）擅自开采（破坏）安全煤柱的。

【解读】

本条中"擅自开采（破坏）"，是指未经正规设计、安全论证和审批，探巷及采掘工程直接进入安全煤柱，或以其他形式对安全煤柱造成损坏的。

第十一条 "有冲击地压危险，未采取有效措施"重大事故隐患，是指有下列情形之一的：

（一）未按照国家规定进行煤层（岩层）冲击倾向性鉴定，或者开采有冲击倾向性煤层未进行冲击危险性评价，或者开采冲击地压煤层，未进行采区、采掘工作面冲击危险性评价的；

【解读】

本条中"未按照国家规定进行煤层（岩层）冲击倾向性鉴定"，是指存在下列情况之一，而未按照《防治煤矿冲击地压细则》第十条有关规定未进行煤层（岩层）冲击倾向性鉴定的：

（1）矿井发生过冲击地压的。

（2）埋深超过 400 m 的煤层，且煤层上方 100 m 范围内存在单层厚度超过 10 m、单轴抗压强度大于 60 MPa 的坚硬岩层。

（3）相邻矿井开采的同一煤层发生过冲击地压或经鉴定为冲击地压煤层的。

（4）冲击地压矿井开采新水平、新煤层。

（二）有冲击地压危险的矿井未设置专门的防冲机构、未配备专业人员或者未编制专门设计的；

【解读】

1. 本条中"专门的防冲机构"，是指设置的机构配有专职负责冲击地压的专业人员，该机构可为独立机构，也可同矿属其他机构、部门合署办公。

2. 本条中"未编制专门设计"，是指违反《煤矿安全规程》第二百二十九条有关规定，新建矿井和冲击地压矿井的新水平、新采区、新煤层有冲击地压危险，未编制防冲设计的。

（三）未进行冲击地压危险性预测，或者未进行防冲措施效果检验以及防冲措施效果检验不达标仍组织生产建设的；

【解读】

1. 本条中"未进行冲击地压危险性预测"，是指违反《防治煤矿冲击地压细则》第四十四条有关规定，冲击地压矿井未进行区域危险性预测和局部危险性预测，即未对矿井、水平、煤层、采（盘）区进行冲击危险性评价，划分冲击地压危险区域和确定危险等级；未对采掘工作面和巷道进行冲击危险性评价，划分冲击地压危险区域和确定危险等级的。

2. 本条中"未进行防冲措施效果检验以及防冲措施效果检验不达标仍组织生产建设"，是指违反《煤矿安全规程》第二百四十一条、《防治煤矿冲击地压细则》第五十四条有关规定，冲击地压危险区域、冲击地压危险工作面实施解危措施后，未对解危效果进行检验，或者检验结果大于临界值，仍进行采掘作业的。

（四）开采冲击地压煤层时，违规开采孤岛煤柱，采掘工作面位置、间距不符合国家规定，或者开采顺序不合理、采掘速度不符合国家规定、违反国家规定布置巷道或者留设煤（岩）柱造成应力集中的；

【解读】

1. 本条中"违规开采孤岛煤柱",是指违反《煤矿安全规程》第二百三十一条、《防治煤矿冲击地压细则》第三十二条有关规定,冲击地压煤层开采孤岛煤柱(图7)前,煤矿企业未组织专家进行防冲安全开采论证,或论证结果为不能保障安全开采,仍进行采掘作业的;严重冲击地压矿井开采孤岛煤柱的。

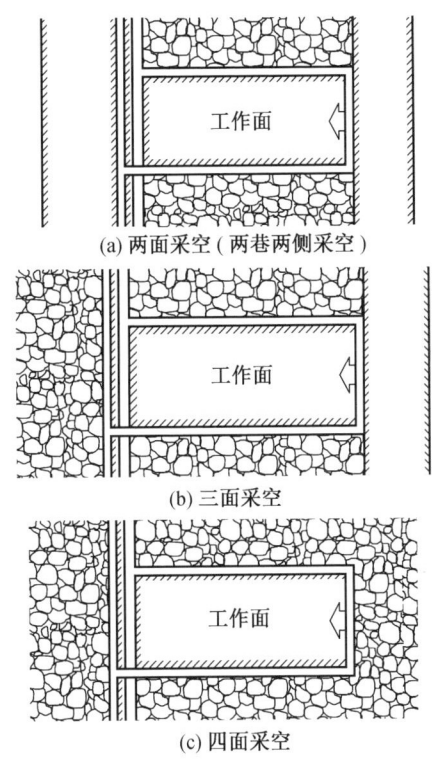

图7 孤岛工作面(煤柱)示意图

2. 本条中"采掘工作面位置、间距不符合国家规定",是指违反《防治煤矿冲击地压细则》第二十七条有关规定,开采冲击地压煤层时,在应力集中区内布置2个工作面同时进行采掘作业的;2个掘进工作面之间的距离小于150 m时(图8),采煤工作面与掘进工作面之间的距离小于350 m时(图9),2个采煤工作面之间的距离小于500 m时(图10),未停止其中一个工作面,确保2个回采工作面之间、回采工作面与掘进工作面之间、2个掘进工作面之间留有足够的间距的。

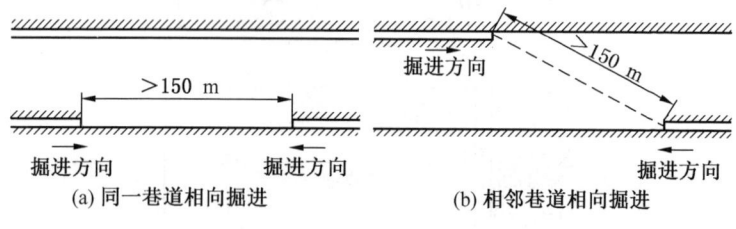

图8 冲击地压危险煤层掘进工作面距离要求

3. 本条中"开采顺序不合理、违反国家规定留设煤(岩)柱",是指违反《煤矿安全规程》第二百三十一条有关规定,冲击地压煤层未严格按顺序开采,留设孤岛煤柱的,或者采空区内留有煤柱的(特殊情况下,经安全性论证,由企业技术负责人审批留

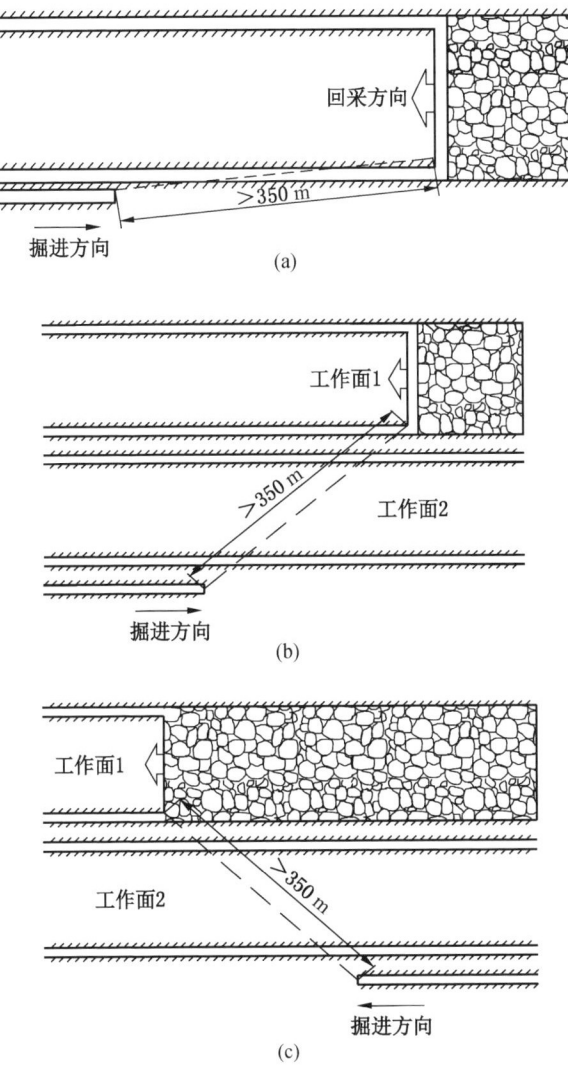

图 9 冲击地压危险煤层采掘工作面距离要求

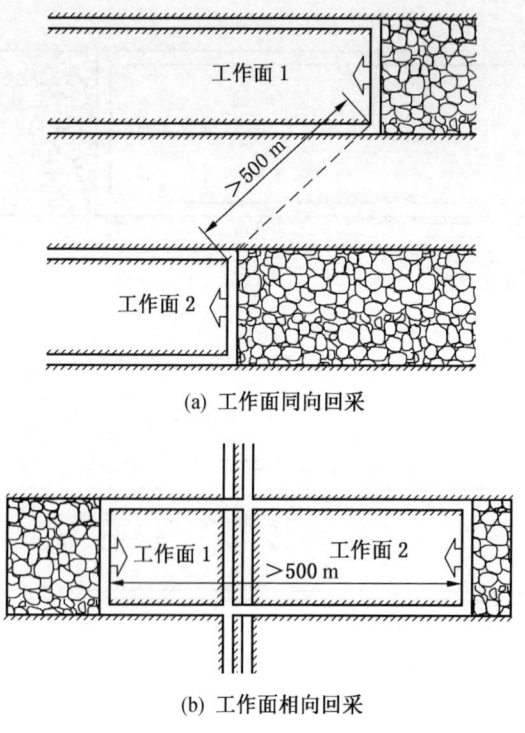

图10 冲击地压危险煤层回采工作面距离要求

有煤柱,并将煤柱的位置、尺寸以及影响范围标在采掘工程平面图上的除外)。

4. 本条中"采掘速度不符合国家规定",是指采掘工作面推进速度超过了冲击地压矿井根据《防治煤矿冲击地压细则》第二十五条规定确定的安全推进速度。

5. 本条中"违反国家规定布置巷道",是指违反《防治煤矿冲击地压细则》第二十八条有关规定,开拓巷道布置在严重冲击地压煤层中的(不具备重新布置条件,进行安全性论证的除外);永久硐室布置在冲击地压煤层中的(不具备重新布置条件,进行安全性论证的除外)。

(五)未制定或者未严格执行冲击地压危险区域人员准入制度的。

【解读】

本条中"未严格执行冲击地压危险区域人员准入制度的",是指未严格执行冲击危险区限员管理制度,冲击地压煤层的掘进工作面200 m范围内进入人员超过9人的(掘进巷道不足200 m时,自巷道回风流与全风压风流混合处以里超过9人的);回采工作面及两巷超前支护范围内进入人员生产班超过16人、检修班超过40人的。

第十二条 "自然发火严重,未采取有效措施"重大事故隐患,是指有下列情形之一的:

(一)开采容易自燃和自燃煤层的矿井,未编制防灭火专项设计或者未采取综合防灭火措施的;

(二)高瓦斯矿井采用放顶煤采煤法不能有效防治煤层自然发火的;

【解读】

本条中"不能有效防治煤层自然发火的",是指违反《煤矿安全规程》第一百一十五条有关规定,存在下列情形之一的:

(1) 高瓦斯矿井的容易自燃煤层,采取综合抽采瓦斯措施和综合防灭火措施后,本煤层瓦斯含量大于 $6 \text{ m}^3/\text{t}$,或者不能有效防范煤层自然发火的。

(2) 放顶煤开采后有可能沟通火区的。

(三) 有自然发火征兆没有采取相应的安全防范措施继续生产建设的;

(四) 违反《煤矿安全规程》规定启封火区的。

【解读】

本条是指存在下列情形之一的:

(1) 违反《煤矿安全规程》第二百七十九条有关规定,未经取样化验证实火区同时具备下列条件,确认火已熄灭前启封或注销封闭火区的:①火区内的空气温度下降到30℃以下,或者与火灾发生前该区的日常空气温度相同;②火区内空气中的氧气浓度降到5.0%以下;③火区内空气中不含有乙烯、乙炔,一氧化碳浓度在封闭期间内逐渐下降,并稳定在0.001%以下;④火区的出水温度低于25℃,或者与火灾发生前该区的日常出水温度相同;⑤上述4项指标持续稳定1个月以上。

（2）违反《煤矿安全规程》第二百八十条有关规定，存在以下情形的：①启封已熄灭的火区前，未制定安全措施的；②启封火区时，未做到逐段恢复通风，未同时测定回风流中一氧化碳、甲烷浓度和风流温度的，或者发现复燃征兆时，未立即停止向火区送风，并重新封闭火区的；③启封火区和恢复火区初期通风时，未全部撤出火区回风风流所经过巷道中的人员的。

第十三条 "使用明令禁止使用或者淘汰的设备、工艺"重大事故隐患，是指有下列情形之一的：

（一）使用被列入国家禁止井工煤矿使用的设备及工艺目录的产品或者工艺的；

【解读】

本条是指违反《煤矿安全规程》第十条有关规定，使用国家明令禁止使用或淘汰的危及生产安全和可能产生职业病危害的技术、工艺、材料和设备的。

被列入国家禁止使用或淘汰的设备及工艺目录的产品或工艺执行下列目录：

（1）《关于发布〈禁止井工煤矿使用的设备及工艺目录（第一批）〉的通知》（安监总规划〔2006〕146号）。

（2）《关于发布〈禁止井工煤矿使用的设备及工艺

目录(第二批)〉的通知》(安监总煤装〔2008〕49号)。

(3)《关于发布〈禁止井工煤矿使用的设备及工艺目录(第三批)〉的通知》(安监总煤装〔2011〕17号)。

(4)《关于发布〈禁止井工煤矿使用的设备及工艺目录(第四批)〉的通知》(煤安监技装〔2018〕39号)(使用排气标准在国Ⅱ及以下的防爆柴油机的,暂不作为重大事故隐患)。

(5)《关于印发淘汰落后安全技术装备目录(2015年第一批)的通知》(安监总科技〔2015〕75号)。

(6)《关于印发淘汰落后安全技术工艺、设备目录(2016年)的通知》(安监总科技〔2016〕137号)。

(二)井下电气设备、电缆未取得煤矿矿用产品安全标志的;

【解读】

本条中"电缆"是指动力电缆。

(三)井下电气设备选型与矿井瓦斯等级不符,或者采(盘)区内防爆型电气设备存在失爆,或者井下使用非防爆无轨胶轮车的;

【解读】

1. 本条中"井下电气设备选型与矿井瓦斯等级

不符",是指违反《煤矿安全规程》第四百四十一条有关规定的:井下电气设备选型要求详见表7。

表7 井下电气设备选型

设备类别	突出矿井和瓦斯喷出区域	高瓦斯矿井、低瓦斯矿井				
		井底车场、中央变电所、总进风巷和主要进风巷		翻车机硐室	采区进风巷	总回风巷、主要回风巷、采区回风巷、采掘工作面和工作面进、回风巷
		低瓦斯矿井	高瓦斯矿井			
1.高低压电机和电气设备	矿用防爆型(增安型除外)	矿用一般型	矿用一般型	矿用防爆型	矿用防爆型	矿用防爆型(增安型除外)
2.照明灯具	矿用防爆型(增安型除外)	矿用一般型	矿用防爆型	矿用防爆型	矿用防爆型	矿用防爆型(增安型除外)
3.通信、自动控制的仪表、仪器	矿用防爆型(增安型除外)	矿用一般型	矿用防爆型	矿用防爆型	矿用防爆型	矿用防爆型(增安型除外)

注:1. 使用架线电机车运输的巷道中及沿巷道的机电设备硐室内可以采用矿用一般型电气设备(包括照明灯具、通信、自动控制的仪表、仪器)。
2. 突出矿井井底车场的主泵房内,可以使用矿用增安型电动机。
3. 突出矿井应当采用本安型矿灯。
4. 远距离传输的监测监控、通信信号应当采用本安型,动力载波信号除外。
5. 在爆炸性环境中使用的设备应当采用 EPL Ma 保护级别。非煤矿专用的便携式电气测量仪表,必须在甲烷浓度 1.0% 以下的地点使用,并实时监测使用环境的甲烷浓度。

2. 本条中"防爆型电气设备存在失爆",是指使用中的防爆型电气设备失去耐爆性能或不传爆性能,或者电缆接线存在"鸡爪子""羊尾巴""明接头"、破皮露芯线等情形的。

(四)未按照矿井瓦斯等级选用相应的煤矿许用炸药和雷管、未使用专用发爆器,或者裸露爆破的;

(五)采煤工作面不能保证2个畅通的安全出口的;

【解读】

本条是指违反《煤矿安全规程》第九十七条有关规定,采煤工作面只布置一个安全出口的;或者虽有2个安全出口,但行人无法通过的;或者虽有2个安全出口,但未做到一个通到进风巷道,另一个通到回风巷道的。

(六)高瓦斯矿井、煤与瓦斯突出矿井、开采容易自燃和自燃煤层(薄煤层除外)矿井,采煤工作面采用前进式采煤方法的。

第十四条 "煤矿没有双回路供电系统"重大事故隐患,是指有下列情形之一的:

(一)单回路供电的;

【解读】

本条是指违反《煤矿安全规程》第四百三十六条有关规定,矿井采用单回路供电的。区域内不具备两回路供电条件,经安全生产许可证的发放部门审查批准采用单回路供电,且有备用电源、备用电源的容量满足通风、排水、提升等要求,并保证主要通风机等在 10 min 内可靠启动和运行的除外。

(二)有两回路电源线路但取自一个区域变电所同一母线段的;

(三)进入二期工程的高瓦斯、煤与瓦斯突出、水文地质类型为复杂和极复杂的建设矿井,以及进入三期工程的其他建设矿井,未形成两回路供电的。

第十五条 "新建煤矿边建设边生产,煤矿改扩建期间,在改扩建的区域生产,或者在其他区域的生产超出安全设施设计规定的范围和规模"重大事故隐患,是指有下列情形之一的:

(一)建设项目安全设施设计未经审查批准,或者审查批准后作出重大变更未经再次审查批准擅自组织施工的;

【解读】

本条中"审查批准后作出重大变更未经再次审查批准",是指煤矿建设项目违反《煤矿建设项目安全设施监察规定》第二十二条规定,对已批准的煤矿建设项目安全设施设计作出重大变更,未经原审查机构审查同意的。

（二）新建煤矿在建设期间组织采煤的（经批准的联合试运转除外）；

（三）改扩建矿井在改扩建区域生产的；

（四）改扩建矿井在非改扩建区域超出设计规定范围和规模生产的。

第十六条 "煤矿实行整体承包生产经营后，未重新取得或者及时变更安全生产许可证而从事生产，或者承包方再次转包，以及将井下采掘工作面和井巷维修作业进行劳务承包"重大事故隐患，是指有下列情形之一的：

（一）煤矿未采取整体承包形式进行发包，或者将煤矿整体发包给不具有法人资格或者未取得合法有效营业执照的单位或者个人的；

【解读】

本条中"未采取整体承包形式进行发包"，是指违反《煤矿整体托管安全管理办法（试行）》第三条有关规定,煤矿托管未采取整体托管方式，违规将采掘工作面或者井巷维修作业作为独立工程对外承包的。

整体托管应涵盖所有井下生产系统和地面调度室、安全监控室、提升机房、变电所、通风机房、压风机房、瓦斯抽放泵站等为煤炭生产直接服务的地面生产系统，以及所有生产活动。

（二）实行整体承包的煤矿，未签订安全生产管理协议，或者未按照国家规定约定双方安全生产管理职责而进行生产的；

（三）实行整体承包的煤矿，未重新取得或者变更安全生产许可证进行生产的；

（四）实行整体承包的煤矿，承包方再次将煤矿转包给其他单位或者个人的；

（五）井工煤矿将井下采掘作业或者井巷维修作业（井筒及井下新水平延深的井底车场、主运输、主通风、主排水、主要机电硐室开拓工程除外）作为独立工程发包给其他企业或者个人的，以及转包井下新水平延深开拓工程的。

【解读】

1. 本条中"转包井下新水平延深开拓工程"，是指承包井筒及井下新水平延深的井底车场、主运输（含煤仓）、主通风、主排水、主要机电硐室开拓工程后又转包的。

煤矿水平延深可独立承包的施工区域如图 11 所示。

2. 本条重大事故隐患情形，不包括按照《关于进一步加强煤矿建设项目安全管理的通知》有关规定，通过招投标方式，由具备相应资质的施工单位承担的煤矿建设项目施工。

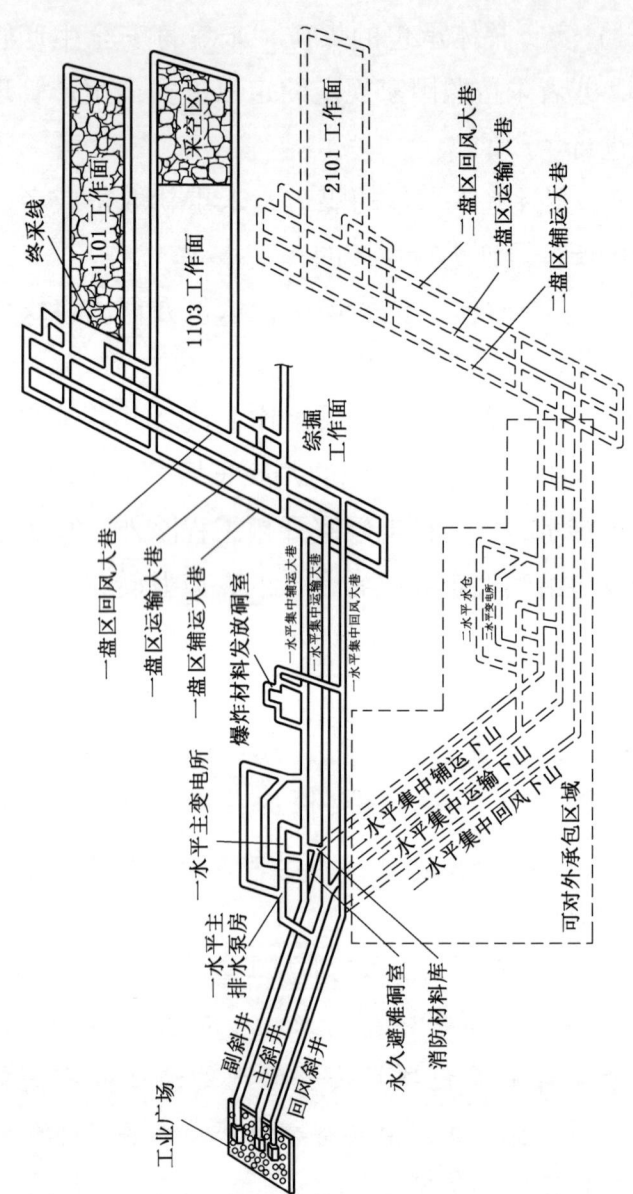

图 11 煤矿水平延深可独立承包的施工区域示意图

第十七条 "煤矿改制期间,未明确安全生产责任人和安全管理机构,或者在完成改制后,未重新取得或者变更采矿许可证、安全生产许可证和营业执照"重大事故隐患,是指有下列情形之一的:

(一)改制期间,未明确安全生产责任人进行生产建设的;

(二)改制期间,未健全安全生产管理机构和配备安全管理人员进行生产建设的;

(三)完成改制后,未重新取得或者变更采矿许可证、安全生产许可证、营业执照而进行生产建设的。

第十八条 "其他重大事故隐患",是指有下列情形之一的:

(一)未分别配备专职的矿长、总工程师和分管安全、生产、机电的副矿长,以及负责采煤、掘进、机电运输、通风、地测、防治水工作的专业技术人员的;

【解读】

本条中"负责采煤、掘进、机电运输、通风、地测、防治水工作的专业技术人员",是指应分别配备,分别负责全矿井相应的技术管理,每个专业至少有1名专业技术人员,某一专业只有1名专业技术人员的,不得兼职其他专业。

（二）未按照国家规定足额提取或者未按照国家规定范围使用安全生产费用的；

【解读】

1. 本条中"未按照国家规定足额提取"，是指未按照《企业安全生产费用提取和使用管理办法》第五条规定的安全费用提取标准执行的。各类煤矿吨煤安全费用提取标准为：煤（岩）与瓦斯（二氧化碳）突出矿井、高瓦斯矿井吨煤30元，其他井工煤矿吨煤15元，露天煤矿吨煤5元。

2. 本条中"未按照国家规定范围使用"，是指违反《企业安全生产费用提取和使用管理办法》第十七条有关规定，未按照下列范围使用的：

（1）煤与瓦斯突出及高瓦斯矿井落实"两个四位一体"综合防突措施支出，包括瓦斯区域预抽、保护层开采区域防突措施、开展突出区域和局部预测、实施局部补充防突措施、更新改造防突设备和设施、建立突出防治实验室等支出。

（2）煤矿安全生产改造和重大隐患治理支出，包括"一通三防"（通风，防瓦斯、防煤尘、防灭火）、防治水、供电、运输等系统设备改造和灾害治理工程，实施煤矿机械化改造，实施矿压（冲击地压）、热害、露天矿边坡治理、采空区治理等支出。

（3）完善煤矿井下安全监控、人员位置监测、紧急避险、压风自救、供水施救和通信联络安全避险"六大系统"支出，应急救援技术装备、设施配置和维护保养支出，事故逃生和紧急避难设施设备的配置和应急演练支出。

（4）开展重大危险源和事故隐患评估、监控和整改支出。

（5）安全生产检查、评价（不包括新建、改建、扩建项目安全评价）、咨询、标准化建设支出。

（6）配备和更新现场作业人员安全防护用品支出。

（7）安全生产宣传、教育、培训支出。

（8）安全生产适用新技术、新工艺、新标准、新装备的推广应用支出。

（9）安全设施及特种设备检测检验支出。

（10）其他与安全生产直接相关的支出。

（三）未按照国家规定进行瓦斯等级鉴定，或者瓦斯等级鉴定弄虚作假的；

【解读】

本条是指违反《煤矿安全规程》第一百七十条、《防治煤与瓦斯突出细则》第十一条和第二十六条规定，存在以下情形的：

(1) 低瓦斯矿井未按规定每两年进行瓦斯等级鉴定的。

(2) 高瓦斯、煤与瓦斯突出矿井未按规定每年测定和计算矿井、采区、工作面瓦斯涌出量的。

(3) 高瓦斯矿井未测定可采煤层瓦斯含量、瓦斯压力和抽采半径等参数的。

(4) 突出鉴定为非突出煤层时,未在鉴定报告中明确划定鉴定范围,或者当采掘工程超出鉴定范围时,未测定瓦斯压力、瓦斯含量的,或者在开拓新水平或采深增加超过 50 m 时,未重新进行突出煤层危险性鉴定的。

(5) 突出矿井开采的非突出煤层和高瓦斯矿井的开采煤层,在延深达到或者超过 50 m 或者开拓新采区时,未测定瓦斯压力和瓦斯含量的。

(6) 瓦斯等级鉴定弄虚作假,造成数据不实降低等级的。

(四) 出现瓦斯动力现象,或者相邻矿井开采的同一煤层发生了突出事故,或者被鉴定、认定为突出煤层的,以及煤层瓦斯压力达到或者超过 0.74 MPa 的非突出矿井,未立即按照突出煤层管理并在国家规定期限内进行突出危险性鉴定的(直接认定为突出矿井的除外）；

（五）图纸作假、隐瞒采掘工作面，提供虚假信息、隐瞒下井人数，或者矿长、总工程师（技术负责人）履行安全生产岗位责任制及管理制度时伪造记录，弄虚作假的；

【解读】

1. 本条中"图纸作假、隐瞒采掘工作面"，是指以逃避监管监察为目的，虚假绘制工作面进度、隐瞒工作面的（包括安全监控系统、人员位置监测系统图纸作假）。

2. 本条中"提供虚假信息、隐瞒下井人数"，是指提供虚假人员位置监测信息，企图掩盖入井人员超限的。

3. 本条中"矿长、总工程师（技术负责人）履行安全生产岗位责任制及管理制度时伪造记录，弄虚作假的"，是指矿长、总工程师（技术负责人）在履职过程中故意伪造记录，在虚假报表、台账、报告等资料上签字的。

（六）矿井未安装安全监控系统、人员位置监测系统或者系统不能正常运行，以及对系统数据进行修改、删除及屏蔽，或者煤与瓦斯突出矿井存在第七条第二项情形的；

【解读】

1. 本条中"系统不能正常运行"，是指安全监控系统、人员位置监测系统因故障不能发挥应有监控、监测作用，未及时处理故障，且未按照《煤矿安全规程》第四百九十二条第三款要求采用人工监测等补救安全措施，并填写故障记录的。

2. 本条中"煤与瓦斯突出矿井存在第七条第二项情形"，是指煤与瓦斯突出矿井未按照国家规定安设、调校甲烷传感器，人为造成甲烷传感器失效，或者瓦斯超限后不能报警、断电或者断电范围不符合国家规定的。

（七）提升（运送）人员的提升机未按照《煤矿安全规程》规定安装保护装置，或者保护装置失效，或者超员运行的；

【解读】

本条中"提升机未按照《煤矿安全规程》规定安装保护装置，或者保护装置失效"，是指包括立井和斜井提升人员的提升机，未按照《煤矿安全规程》第四百二十三条有关规定安装以下保护装置的：

（1）过卷和过放保护：当提升容器超过正常终端

停止位置或者出车平台 0.5 m 时（倾斜井巷使用提升机或者绞车提升时，井巷上端的过卷距离，应当根据巷道倾角、设计载荷、最大提升速度和实际制动力等参量计算确定，并有 1.5 倍的备用系数），必须能自动断电，且使制动器实施安全制动。

（2）超速保护：当提升速度超过最大速度 15% 时，必须能自动断电，且使制动器实施安全制动。

（3）过负荷和欠电压保护。

（4）限速保护：提升速度超过 3 m/s 的提升机应当装设限速保护，以保证提升容器或者平衡锤到达终端位置时的速度不超过 2 m/s。当减速段速度超过设定值的 10% 时，必须能自动断电，且使制动器实施安全制动。

（5）提升容器位置指示保护：当位置指示失效时，能自动断电，且使制动器实施安全制动。

（6）闸瓦间隙保护：当闸瓦间隙超过规定值时，能报警并闭锁下次开车。

（7）松绳保护：缠绕式提升机应当设置松绳保护装置并接入安全回路或者报警回路。

（8）减速功能保护：当提升容器或者平衡锤到达设计减速点时，能示警并开始减速。

（9）错向运行保护：当发生错向时，能自动断电,且使制动器实施安全制动。

(八)带式输送机的输送带入井前未经过第三方阻燃和抗静电性能试验,或者试验不合格入井,或者输送带防打滑、跑偏、堆煤等保护装置或者温度、烟雾监测装置失效的;

【解读】

本条中"输送带防打滑、跑偏、堆煤等保护装置或温度、烟雾监测装置失效",是指任一条带式输送机输送带的防打滑、跑偏、堆煤保护装置和温度、烟雾监测装置5项装置中有1项未安装,或有1项整体失效的。

煤矿直接购买经过第三方阻燃和抗静电性能试验并取得检验合格报告的输送带,入井前可不进行试验。

2021年1月1日前已入井的未经过第三方阻燃和抗静电性能试验的输送带,经取样补充进行了第三方阻燃和抗静电性能试验且试验合格的,不作为重大事故隐患。

(九)掘进工作面后部巷道或者独头巷道维修(着火点、高温点处理)时,维修(处理)点以里继续掘进或者有人员进入,或者采掘工作面未按照国家规定安设压风、供水、通信线路及装置的;

【解读】

本条中"采掘工作面未按照国家规定安设压风、供水、通信线路及装置",是指违反《煤矿安全规程》第六百九十一条、第五百零七条有关规定,存在下列条款情形之一的:

(1) 突出与冲击地压煤层,未在距采掘工作面 25~40 m 的巷道内、回风巷有人作业处至少设置 1 组压风自救装置;其他矿井掘进工作面未敷设压风管路并设置供气阀门的。

(2) 采掘工作面未安设供水管路的。

(3) 采掘工作面及突出煤层采掘工作面附近,未安设直通矿调度室的有线调度电话。

(十)露天煤矿边坡角大于设计最大值,或者边坡发生严重变形未及时采取措施进行治理的;

【解读】

本条中"严重变形",是指边坡出现较大裂缝(30 cm 以上)、平盘大面积滑落、垮塌或者平盘明显底鼓等情形的。

(十一)国家矿山安全监察机构认定的其他重大事故隐患。

【解读】

在执行过程中,各地矿山安全监管部门和监察机构认为有必要补充的重大事故隐患,应报送国家矿山安全监察局统一批准、按程序发布。

第十九条 本标准所称的国家规定,是指有关法律、行政法规、部门规章、国家标准、行业标准,以及国务院及其应急管理部门、国家矿山安全监察机构依法制定的行政规范性文件。

第二十条 本标准自2021年1月1日起施行。原国家安全生产监督管理总局2015年12月3日公布的《煤矿重大生产安全事故隐患判定标准》(国家安全生产监督管理总局令第85号)同时废止。

修订前后条文对比

煤矿重大事故隐患判定标准 中华人民共和国应急管理部令(第4号)	煤矿重大生产安全事故隐患判定标准 国家安全生产监督管理总局令(第85号)
第一条 为了准确认定、及时消除煤矿重大事故隐患，根据《中华人民共和国安全生产法》和《国务院关于预防煤矿生产安全事故的特别规定》（国务院令第446号）等法律、行政法规，制定本标准。	第一条 为了准确认定、及时消除煤矿重大生产安全事故隐患（以下简称煤矿重大事故隐患），根据《安全生产法》和《国务院关于预防煤矿生产安全事故的特别规定》（国务院令第446号）等法律、法规，制定本判定标准。
第二条 本标准适用于判定各类煤矿重大事故隐患。	第二条 本标准适用于判定各类煤矿重大事故隐患。
第三条 煤矿重大事故隐患包括下列15个方面：	第三条 煤矿重大事故隐患包括以下15个方面：

(续表)

煤矿重大事故隐患判定标准 中华人民共和国应急管理部令(第4号)	煤矿重大生产安全事故隐患判定标准 国家安全生产监督管理总局令(第85号)
（一）超能力、超强度或者超定员组织生产； （二）瓦斯超限作业； （三）煤与瓦斯突出矿井，未依照规定实施防突出措施； （四）高瓦斯矿井未建立瓦斯抽采系统和监控系统，或者系统不能正常运行； （五）通风系统不完善、不可靠； （六）有严重水患，未采取有效措施； （七）超层越界开采； （八）有冲击地压危险，未采取有效措施；	（一）超能力、超强度或者超定员组织生产； （二）瓦斯超限作业； （三）煤与瓦斯突出矿井，未依照规定实施防突出措施； （四）高瓦斯矿井未建立瓦斯抽采系统和监控系统，或者不能正常运行； （五）通风系统不完善、不可靠； （六）有严重水患，未采取有效措施； （七）超层越界开采； （八）有冲击地压危险，未采取有效措施；

(续表)

煤矿重大事故隐患判定标准 中华人民共和国应急管理部令(第4号)	煤矿重大生产安全事故隐患判定标准 国家安全生产监督管理总局令(第85号)
（九）自然发火严重，未采取有效措施； （十）使用明令禁止使用或者淘汰的设备、工艺； （十一）煤矿没有双回路供电系统； （十二）新建煤矿边建设边生产，煤矿改扩建期间，在改扩建的区域生产，或者在其他区域的生产超出安全设施设计规定的范围和规模； （十三）煤矿实行整体承包生产经营后，未重新取得或者及时变更安全生产许可证而从事生产，或者承包方再次转包，以及将井下采掘工作面和井巷维修作业进行劳务承包；	（九）自然发火严重，未采取有效措施； （十）使用明令禁止使用或者淘汰的设备、工艺； （十一）煤矿没有双回路供电系统； （十二）新建煤矿边建设边生产，煤矿改扩建期间，在改扩建的区域生产，或者在其他区域的生产超出安全设计规定的范围和规模； （十三）煤矿实行整体承包生产经营后，未重新取得或者及时变更安全生产许可证而从事生产，或者承包方再次转包，以及将井下采掘工作面和井巷维修作业进行劳务承包；

（续表）

煤矿重大事故隐患判定标准 中华人民共和国应急管理部令（第4号）	煤矿重大生产安全事故隐患判定标准 国家安全生产监督管理总局令（第85号）
（十四）煤矿改制期间，未明确安全生产责任人和安全管理机构，或者在完成改制后，未重新取得或者变更采矿许可证、安全生产许可证和营业执照； （十五）其他重大事故隐患。	（十四）煤矿改制期间，未明确安全生产责任人和安全管理机构，或者在完成改制后，未重新取得或者变更采矿许可证、安全生产许可证和营业执照； （十五）其他重大事故隐患。
第四条 "超能力、超强度或者超定员组织生产"重大事故隐患，是指有下列情形之一的： （一）煤矿全年原煤产量超过核定（设计）生产能力幅度在10%以上，或者月原煤产量大于核定（设计）生产能力的10%的；	第四条 "超能力、超强度或者超定员组织生产"重大事故隐患，是指有下列情形之一的： （一）矿井全年原煤产量超过矿井核定（设计）生产能力110%的，或者矿井月产量超过矿井核定（设计）生产能力10%的；

(续表)

煤矿重大事故隐患判定标准 中华人民共和国应急管理部令(第4号)	煤矿重大生产安全事故隐患判定标准 国家安全生产监督管理总局令(第85号)
（二）煤矿或其上级公司超过煤矿核定（设计）生产能力下达生产计划或者经营指标的； （三）煤矿开拓、准备、回采煤量可采期小于国家规定的最短时间，未主动采取限产或者停产措施，仍然组织生产的（衰老煤矿和地方人民政府计划停产关闭煤矿除外）； （四）煤矿井下同时生产的水平超过2个，或者一个采（盘）区内同时作业的采煤、煤（半煤岩）巷掘进工作面个数超过《煤矿安全规程》规定的； （五）瓦斯抽采不达标组织生产的；	（二）矿井开拓、准备、回采煤量可采期小于有关标准规定的最短时间组织生产、造成接续紧张的，或者采用"剃头下山"开采的； （三）采掘工作面瓦斯抽采不达标组织生产的；

(续表)

煤矿重大事故隐患判定标准 中华人民共和国应急管理部令(第4号)	煤矿重大生产安全事故隐患判定标准 国家安全生产监督管理总局令(第85号)
（六）煤矿未制定或者未严格执行井下劳动定员制度，或者采掘作业地点单班作业人数超过国家有关限员规定20%以上的。	（四）煤矿未制定或者未严格执行井下劳动定员制度的。
第五条 "瓦斯超限作业"重大事故隐患，是指有下列情形之一的： （一）瓦斯检查存在漏检、假检情况且进行作业的； （二）井下瓦斯超限后继续作业或者未按照国家规定处置继续进行作业的； （三）井下排放积聚瓦斯未按照国家规定制定并实施安全技术措施进行作业的。	第五条 "瓦斯超限作业"重大事故隐患，是指有下列情形之一的： （一）瓦斯检查存在漏检、假检的； （二）井下瓦斯超限后不采取措施继续作业的。

(续表)

煤矿重大事故隐患判定标准 中华人民共和国应急管理部令(第4号)	煤矿重大生产安全事故隐患判定标准 国家安全生产监督管理总局令(第85号)
第六条 "煤与瓦斯突出矿井,未依照规定实施防突出措施"重大事故隐患,是指有下列情形之一的: (一)未设立**防突机构**并配备相应专业人员的; (二)未建立地面永久瓦斯抽采系统或者系统不能正常运行的; (三)未按照**国家规定**进行区域或者工作面突出危险性预测的(**直接认定为突出危险区域或者突出危险工作面的除外**);	第六条 "煤与瓦斯突出矿井,未依照规定实施防突出措施"重大事故隐患,是指有下列情形之一的: (一)未<u>建立防治突出</u>机构并配备相应专业人员的; (二)<u>未装备矿井安全监控系统和</u>地面永久瓦斯抽采系统或者系统不能正常运行的; (备注:并未删除,转至第十八条第六款了。) (三)未进行区域或者工作面突出危险性预测的;

83

（续表）

煤矿重大事故隐患判定标准 中华人民共和国应急管理部令（第4号）	煤矿重大生产安全事故隐患判定标准 国家安全生产监督管理总局令（第85号）
（四）未按照国家规定采取防治突出措施的； （五）未按照国家规定进行防突措施效果**检验和验证**，或者防突措施效果检验和验证不达标仍然组织生产建设，**或者防突措施效果检验和验证数据造假的**； （六）未按照国家规定采取安全防护措施的； （七）使用架线式电机车的。	（四）未按规定采取防治突出措施的； （五）未进行防治突出措施效果检验或者防突措施效果检验不达标仍然组织生产建设的； （六）未采取安全防护措施的； （七）使用架线式电机车的。
第七条 "高瓦斯矿井未建立瓦斯抽采系统和监控系统，或者系统不能正常运行"重大事故隐患，是指有下列情形之一的：	第七条 "高瓦斯矿井未建立瓦斯抽采系统和监控系统，或者不能正常运行"重大事故隐患，是指有下列情形之一的：

(续表)

煤矿重大事故隐患判定标准 中华人民共和国应急管理部令(第4号)	煤矿重大生产安全事故隐患判定标准 国家安全生产监督管理总局令(第85号)
（一）按照《煤矿安全规程》规定应当建立而未建立瓦斯抽采系统**或者系统不正常使用的**； （二）**未按照国家规定安设**、调校甲烷传感器，人为造成甲烷传感器失效，或者瓦斯超限后不能**报警**、断电或者断电范围**不符合国家规定的。**	（一）按照《煤矿安全规程》规定应当建立而未建立瓦斯抽采系统的； （二）未按规定安设、调校甲烷传感器，人为造成甲烷传感器失效的，瓦斯超限后不能断电或者断电范围不符合规定的； （三）安全监控系统出现故障没有及时采取措施予以恢复的，或者对系统记录的瓦斯超限数据进行修改、删除、屏蔽的。
第八条 "通风系统不完善、不可靠"重大事故隐患，是指有下列情形之一的：	第八条 "通风系统不完善、不可靠"重大事故隐患，是指有下列情形之一的：

（续表）

煤矿重大事故隐患判定标准 中华人民共和国应急管理部令(第4号)	煤矿重大生产安全事故隐患判定标准 国家安全生产监督管理总局令(第85号)
（一）矿井总风量不足或者采掘工作面等主要用风地点风量不足的；	（一）矿井总风量不足的； （六）采掘工作面等主要用风地点风量不足的；
（二）没有备用主要通风机，或者两台主要通风机**不具有同等能力的**；	（二）没有备用主要通风机或者两台主要通风机**工作能力不匹配的**；
（三）违反《煤矿安全规程》规定采用串联通风的；	（三）违反规定串联通风的；
（四）未按照设计形成通风系统，或者生产水平和采（盘）区未实现分区通风的；	（四）没有按设计形成通风系统的，或者生产水平和采区未实现分区通风的；
（五）高瓦斯、煤与瓦斯突出矿井的任一采（盘）区，开采容易自燃煤层、低瓦斯矿井开采煤	（五）高瓦斯、煤与瓦斯突出矿井的任一采区，开采容易自燃煤层、低瓦斯矿井开采煤层群和分层

(续表)

煤矿重大事故隐患判定标准 中华人民共和国应急管理部令(第4号)	煤矿重大生产安全事故隐患判定标准 国家安全生产监督管理总局令(第85号)
层群和分层开采采用联合布置的采(盘)区,未设置专用回风巷,或者突出煤层工作面没有独立的回风系统的; (六)进、回风井之间和主要进、回风巷之间联络巷中的风墙、风门不符合《煤矿安全规程》规定,造成风流短路的; (七)采区进、回风巷未贯穿整个采区,或者虽贯穿整个采区但一段进风、一段回风,或者采用倾斜长壁布置,大巷未超前至少2个区段构成通风系统即开掘其他巷道的; (八)煤巷、半煤岩巷和有瓦斯涌出的岩巷掘进未按照国家规定装备甲	开采采用联合布置的采区,未设置专用回风巷的,或者突出煤层工作面没有独立的回风系统的; (七)采区进(回)风巷未贯穿整个采区,或者虽贯穿整个采区但一段进风、一段回风的; (八)煤巷、半煤岩巷和有瓦斯涌出的岩巷的掘进工作面未装备甲烷电、

87

（续表）

煤矿重大事故隐患判定标准 中华人民共和国应急管理部令（第4号）	煤矿重大生产安全事故隐患判定标准 国家安全生产监督管理总局令（第85号）
烷电、风电闭锁装置或者有关装置不能正常使用的； （九）高瓦斯、煤（岩）与瓦斯（二氧化碳）突出矿井的煤巷、半煤岩巷和有瓦斯涌出的岩巷掘进工作面采用局部通风时，不能实现双风机、双电源且自动切换的； （十）高瓦斯、煤（岩）与瓦斯（二氧化碳）突出建设矿井进入二期工程前，其他建设矿井进入三期工程前，没有形成地面主要通风机供风的全风压通风系统的。	风电闭锁装置或者<u>不能正常使用的</u>； （九）高瓦斯、煤与瓦斯突出<u>建设矿井局部通风不能实现双风机、双电源且自动切换的</u>； （十）高瓦斯、煤与瓦斯突出建设矿井进入二期工程前，其他建设矿井进入三期工程前，没有形成地面主要通风机供风的全风压通风系统的。
第九条 "有严重水患，未采取有效措施"重大事故隐患，是指有下列	第九条 "有严重水患，未采取有效措施"重大事故隐患，是指有下列

（续表）

煤矿重大事故隐患判定标准 中华人民共和国应急管理部令(第4号)	煤矿重大生产安全事故隐患判定标准 国家安全生产监督管理总局令(第85号)
情形之一的： （一）未查明矿井水文地质条件和井田范围内采空区、废弃老窑积水等情况而组织生产建设的； （二）水文地质类型复杂、极复杂的矿井未设置专门的防治水机构、未配备专门的探放水作业队伍，**或者**未配齐专用探放水设备的； （三）在**需要探放水的区域**进行采掘作业未按照**国家**规定进行探放水的； （四）**未按照国家规定留设或者擅自开采（破坏）**各种防隔水煤（岩）柱的；	情形之一的： （一）未查明矿井水文地质条件和井田范围内采空区、废弃老窑积水等情况而组织生产建设的； （二）水文地质类型复杂、极复杂的矿井没有设立专门的防治水机构和配备专门的探放水作业队伍、配齐专用探放水设备的； （三）在突水威胁区域进行采掘作业未按规定进行探放水的； （四）未按规定留设或者擅自开采各种防隔水煤柱的；

(续表)

煤矿重大事故隐患判定标准 中华人民共和国应急管理部令(第4号)	煤矿重大生产安全事故隐患判定标准 国家安全生产监督管理总局令(第85号)
（五）有突（透、溃）水征兆未撤出井下所有受水患威胁地点人员的； （六）受地表水倒灌威胁的矿井在强降雨天气或其来水上游发生洪水期间未实施停产撤人的； （七）建设矿井进入三期工程前，未按照设计建成永久排水系统，或者生产矿井延深到设计水平时，未建成防、排水系统而违规开拓掘进的； （八）矿井主要排水系统水泵排水能力、管路和水仓容量不符合《煤矿安全规程》规定的； （九）开采地表水体、老空水淹区域或者强	（五）有透水征兆未撤出井下作业人员的； （六）受地表水倒灌威胁的矿井在强降雨天气或其来水上游发生洪水期间未实施停产撤人的； （七）建设矿井进入三期工程前，没有按设计建成永久排水系统的。

(续表)

煤矿重大事故隐患判定标准 中华人民共和国应急管理部令(第4号)	煤矿重大生产安全事故隐患判定标准 国家安全生产监督管理总局令(第85号)
含水层下急倾斜煤层,未按照国家规定消除水患威胁的。	
第十条 "超层越界开采"重大事故隐患,是指有下列情形之一的: (一)超出采矿许可证载明的开采煤层层位或者标高进行开采的; (二)超出采矿许可证载明的坐标控制范围进行开采的; (三)擅自开采(破坏)安全煤柱的。	第十条 "超层越界开采"重大事故隐患,是指有下列情形之一的: (一)超出采矿许可证规定开采煤层层位或者标高而进行开采的; (二)超出采矿许可证载明的坐标控制范围而开采的; (三)擅自开采保安煤柱的。
第十一条 "有冲击地压危险,未采取有效措施"重大事故隐患,是指有下列情形之一的:	第十一条 "有冲击地压危险,未采取有效措施"重大事故隐患,是指有下列情形之一的:

(续表)

煤矿重大事故隐患判定标准 中华人民共和国应急管理部令(第4号)	煤矿重大生产安全事故隐患判定标准 国家安全生产监督管理总局令(第85号)
（一）未按照国家规定进行煤层（岩层）冲击倾向性鉴定，或者开采有冲击倾向性煤层未进行冲击危险性评价，或者开采冲击地压煤层，未进行采区、采掘工作面冲击危险性评价的； （二）有冲击地压危险的矿井未设置专门的防冲机构、未配备专业人员或者未编制专门设计的； （三）未进行冲击地压危险性预测，或者未进行防冲措施效果检验以及防冲措施效果检验不达标仍组织生产建设的； （四）开采冲击地压煤层时，违规开采孤岛煤柱，采掘工作面位置、间	（一）首次发生过冲击地压动力现象，半年内没有完成冲击地压危险性鉴定的； （二）有冲击地压危险的矿井未配备专业人员并编制专门设计的； （三）未进行冲击地压预测预报，或者采取的防治措施没有消除冲击地压危险仍组织生产建设的。

(续表)

煤矿重大事故隐患判定标准 中华人民共和国应急管理部令(第4号)	煤矿重大生产安全事故隐患判定标准 国家安全生产监督管理总局令(第85号)
距不符合国家规定，或者开采顺序不合理、采掘速度不符合国家规定、违反国家规定布置巷道或者留设煤（岩）柱造成应力集中的； （五）未制定或者未严格执行冲击地压危险区域人员准入制度的。	
第十二条 "自然发火严重，未采取有效措施"重大事故隐患，是指有下列情形之一的： （一）开采容易自燃和自燃煤层的矿井，未编制防灭火专项设计或者未采取综合防灭火措施的； （二）高瓦斯矿井采用放顶煤采煤法不能有效	第十二条 "自然发火严重，未采取有效措施"重大事故隐患，是指有下列情形之一的： （一）开采容易自燃和自燃的煤层时，未编制防止自然发火设计或者未按设计组织生产建设的； （二）高瓦斯矿井采用放顶煤采煤法不能有效

(续表)

煤矿重大事故隐患判定标准 中华人民共和国应急管理部令(第4号)	煤矿重大生产安全事故隐患判定标准 国家安全生产监督管理总局令(第85号)
防治煤层自然发火的； （三）有自然发火征兆没有采取相应的安全防范措施继续生产建设的； （四）违反《煤矿安全规程》规定启封火区的。	防治煤层自然发火的； （三）有自然发火征兆没有采取相应的安全防范措施并继续生产建设的。
第十三条 "使用明令禁止使用或者淘汰的设备、工艺"重大事故隐患，是指有下列情形之一的： （一）使用被列入<u>国家禁止井工煤矿使用的设备及工艺目录</u>的产品或者工艺的； （二）井下电气设备、<u>电缆</u>未取得煤矿矿用产品安全标志的；	第十三条 "使用明令禁止使用或者淘汰的设备、工艺"重大事故隐患，是指有下列情形之一的： （一）使用被列入国家<u>应予淘汰的煤矿机电设备和工艺目录</u>的产品或者工艺的； （二）井下电气设备未取得煤矿矿用产品安全标志，<u>或者防爆等级与矿井瓦斯等级不符的</u>；

（续表）

煤矿重大事故隐患判定标准 中华人民共和国应急管理部令（第4号）	煤矿重大生产安全事故隐患判定标准 国家安全生产监督管理总局令（第85号）
（三）井下电气设备选型与矿井瓦斯等级不符，或者采（盘）区内防爆型电气设备存在失爆，或者井下使用非防爆无轨胶轮车的； （四）未按照矿井瓦斯等级选用相应的煤矿许用炸药和雷管、未使用专用发爆器，或者裸露爆破的； （五）采煤工作面不能保证2个畅通的安全出口的； （六）高瓦斯矿井、煤与瓦斯突出矿井、开采容易自燃和自燃煤层（薄煤层除外）矿井，采煤工作面采用前进式采煤方法的。	（三）未按矿井瓦斯等级选用相应的煤矿许用炸药和雷管、未使用专用发爆器的，或者裸露放炮的； （四）采煤工作面不能保证2个畅通的安全出口的； （五）高瓦斯矿井、煤与瓦斯突出矿井、开采容易自燃和自燃煤层（薄煤层除外）矿井，采煤工作面采用前进式采煤方法的。 （备注：后半句修订后成为第三款了。）

95

（续表）

煤矿重大事故隐患判定标准 中华人民共和国应急管理部令（第4号）	煤矿重大生产安全事故隐患判定标准 国家安全生产监督管理总局令（第85号）
第十四条 "煤矿没有双回路供电系统"重大事故隐患，是指有下列情形之一的： （一）单回路供电的； （二）有两回路电源线路但取自一个区域变电所同一母线段的； （三）进入二期工程的高瓦斯、煤与瓦斯突出、<u>水文地质类型为复杂和极复杂的建设矿井，以</u>及进入三期工程的其他建设矿井，未形成**两**回路供电的。	第十四条 "煤矿没有双回路供电系统"重大事故隐患，是指有下列情形之一的： （一）单回路供电的； （二）有两个回路但取自一个区域变电所同一母线<u>端</u>的； （三）进入二期工程的高瓦斯、煤与瓦斯突出及水害严重的建设矿井，进入三期工程的其他建设矿井，<u>没有形成双回路供电的。</u>
第十五条 "新建煤矿边建设边生产，煤矿改扩建期间，在改扩建的区	第十五条 "新建煤矿边建设边生产，煤矿改扩建期间，在改扩建的区

(续表)

煤矿重大事故隐患判定标准 中华人民共和国应急管理部令(第4号)	煤矿重大生产安全事故隐患判定标准 国家安全生产监督管理总局令(第85号)
域生产，或者在其他区域的生产超出安全**设施**设计规定的范围和规模"重大事故隐患，是指有下列情形之一的： （一）建设项目安全设施设计未经审查批准，或者审查批准后**作出**重大变更未经再次**审查批准**擅自组织施工的； （二）新建煤矿在建设期间组织采煤的（经批准的联合试运转除外）； （三）改扩建矿井在改扩建区域生产的； （四）改扩建矿井在非改扩建区域超出设计规定范围和规模生产的。	域生产，或者在其他区域的生产超出安全设计规定的范围和规模"重大事故隐患，是指有下列情形之一的： （一）建设项目安全设施设计未经审查批准，或者批准后做出重大变更后未经再次审批擅自组织施工的； （二）改扩建矿井在改扩建区域生产的； （三）改扩建矿井在非改扩建区域超出设计规定范围和规模生产的。

(续表)

煤矿重大事故隐患判定标准 中华人民共和国应急管理部令(第4号)	煤矿重大生产安全事故隐患判定标准 国家安全生产监督管理总局令(第85号)
第十六条 "煤矿实行整体承包生产经营后，未重新取得或者及时变更安全生产许可证**而**从事生产，或者承包方再次转包，以及将井下采掘工作面和井巷维修作业进行劳务承包"重大事故隐患，是指有下列情形之一的： （一）煤矿未采取整体承包形式进行发包，或者将煤矿整体发包给不具有法人资格或者未取得合法有效营业执照的单位或者个人的； （二）实行整体承包的煤矿，未签订安全生产管理协议，或者未**按照国家规定**约定双方安全生产管理职责而进行生产的；	第十六条 "煤矿实行整体承包生产经营后，未重新取得或者及时变更安全生产许可证从事生产的，或者承包方再次转包，以及将井下采掘工作面和井巷维修作业进行劳务承包"重大事故隐患，是指有下列情形之一的： （一）生产经营单位将煤矿承包或者托管给没有合法有效煤矿生产建设证照的单位或者个人的； （二）煤矿实行承包（托管）但未签订安全生产管理协议，或者未约定双方安全生产管理职责合同而进行生产的；

(续表)

煤矿重大事故隐患判定标准 中华人民共和国应急管理部令(第4号)	煤矿重大生产安全事故隐患判定标准 国家安全生产监督管理总局令(第85号)
（三）**实行整体承包的煤矿，未重新取得或者变更**安全生产许可证进行生产的；	（三）<u>承包方（承托方）未按规定变更</u>安全生产许可证进行生产的；
（四）**实行整体承包的煤矿，**承包方再次将煤矿**转包**给其他单位或者个人的；	（四）<u>承包方（承托方）</u>再次将煤矿承包（<u>托管</u>）给其他单位或者个人的；
（五）井工煤矿将井下采掘作业或者井巷维修作业（井筒及井下新水平延深的井底车场、主运输、主通风、主排水、主要机电硐室开拓工程除外）作为独立工程**发包**给其他企业或者个人的，以及转包井下新水平延深开拓工程的。	（五）煤矿将井下采掘工作面或者井巷维修作业作为独立工程承包（托管）给其他企业或者个人的。

(续表)

煤矿重大事故隐患判定标准 中华人民共和国应急管理部令(第4号)	煤矿重大生产安全事故隐患判定标准 国家安全生产监督管理总局令(第85号)
第十七条 "煤矿改制期间，未明确安全生产责任人和安全管理机构，或者在完成改制后，未重新取得或者变更采矿许可证、安全生产许可证和营业执照"重大事故隐患，是指有下列情形之一的： （一）改制期间，未明确安全生产责任人进行生产建设的； （二）改制期间，未健全安全生产管理机构和配备安全管理人员进行生产建设的； （三）完成改制后，未重新取得或者变更采矿许可证、安全生产许可证、营业执照而进行生产建设的。	第十七条 "煤矿改制期间，未明确安全生产责任人和安全管理机构，或者在完成改制后，未重新取得或者变更采矿许可证、安全生产许可证和营业执照"重大事故隐患，是指有下列情形之一的： （一）改制期间，未明确安全生产责任人而进行生产建设的； （二）改制期间，未健全安全生产管理机构和配备安全管理人员进行生产建设的； （三）完成改制后，未重新取得或者变更采矿许可证、安全生产许可证、营业执照而进行生产建设的。

（续表）

煤矿重大事故隐患判定标准 中华人民共和国应急管理部令（第4号）	煤矿重大生产安全事故隐患判定标准 国家安全生产监督管理总局令（第85号）
第十八条 "其他重大事故隐患"，是指有下列情形之一的： （一）未分别配备**专职的**矿长、总工程师和分管安全、生产、机电的副矿长，以及负责采煤、掘进、机电运输、通风、**地测**、**防治水**工作的专业技术人员的； （二）**未按照国家规定**足额提取**或者未按照国家规定范围使用**安全生产费用的； （三）**未按照国家规定进行瓦斯等级鉴定，或者瓦斯等级鉴定弄虚作假的；** （四）出现瓦斯动力现象，或者相邻矿井开采	第十八条 "其他重大事故隐患"，是指有下列情形之一的： （一）没有分别配备矿长、总工程师和分管安全、生产、机电的副矿长，以及负责采煤、掘进、机电运输、通风、地质测量工作的专业技术人员的； （二）未按规定足额提取和使用安全生产费用的； （三）出现瓦斯动力现象，或者相邻矿井开采

(续表)

煤矿重大事故隐患判定标准 中华人民共和国应急管理部令(第4号)	煤矿重大生产安全事故隐患判定标准 国家安全生产监督管理总局令(第85号)
的同一煤层发生了突出事故，或者被鉴定、认定为突出煤层，以及煤层瓦斯压力达到或者超过0.74 MPa的非突出矿井，未立即按照突出煤层管理并在国家规定期限内进行突出危险性鉴定的（直接认定为突出矿井的除外）； （五）图纸作假、隐瞒采掘工作面，提供虚假信息、隐瞒下井人数，或者矿长、总工程师（技术负责人）履行安全生产岗位责任制及管理制度时伪造记录，弄虚作假的； （六）矿井未安装安全监控系统、人员位置监测系统或者系统不能正常运行，以及对系统数据进	的同一煤层发生了突出，或者煤层瓦斯压力达到或者超过0.74 MPa的非突出矿井，未立即按照突出煤层管理并在规定时限内进行突出危险性鉴定的（直接认定为突出矿井的除外）； （四）图纸作假、隐瞒采掘工作面的。

(续表)

煤矿重大事故隐患 判定标准 中华人民共和国应急管理部令(第4号)	煤矿重大生产安全事故隐患 判定标准 国家安全生产监督管理总局令(第85号)
行修改、删除及屏蔽，或者煤与瓦斯突出矿井存在第七条第二项情形的； （七）提升（运送）人员的提升机未按照《煤矿安全规程》规定安装保护装置，或者保护装置失效，或者超员运行的； （八）带式输送机的输送带入井前未经过第三方阻燃和抗静电性能试验，或者试验不合格入井，或者输送带防打滑、跑偏、堆煤等保护装置或者温度、烟雾监测装置失效的； （九）掘进工作面后部巷道或者独头巷道维修（着火点、高温点处理）时，维修（处理）点以里	

（续表）

煤矿重大事故隐患判定标准 中华人民共和国应急管理部令（第4号）	煤矿重大生产安全事故隐患判定标准 国家安全生产监督管理总局令（第85号）
继续掘进或者有人员进入，或者采掘工作面未按照国家规定安设压风、供水、通信线路及装置的； （十）露天煤矿边坡角大于设计最大值，或者边坡发生严重变形未及时采取措施进行治理的； （十一）国家矿山安全监察机构认定的其他重大事故隐患。	
第十九条 本标准所称的国家规定，是指有关法律、行政法规、部门规章、国家标准、行业标准，以及国务院及其应急管理部门、国家矿山安全监察机构依法制定的行政规范性文件。	

(续表)

煤矿重大事故隐患判定标准 中华人民共和国应急管理部令(第4号)	煤矿重大生产安全事故隐患判定标准 国家安全生产监督管理总局令(第85号)
第二十条 本标准自2021年1月1日起施行。原国家安全生产监督管理总局2015年12月3日公布的《煤矿重大生产安全事故隐患判定标准》(国家安全生产监督管理总局令第85号)同时废止。	第十九条 本标准自印发之日起施行。国家安全监管总局、国家煤矿安监局2005年9月26日印发的《煤矿重大安全生产隐患认定办法(试行)》(安监总煤矿字〔2005〕133号)同时废止。